U0407187

悦读名品

你不是做不到，而是想太多

「気にしすぎてうまくいかない」がなくなる本

〔日〕大嶋信赖◎著
徐秋平◎译

 化学工业出版社
·北京·

图书在版编目（CIP）数据

你不是做不到，而是想太多 /（日）大嶋信赖著；徐秋平译 .
—北京：化学工业出版社，2022.6
ISBN 978-7-122-41134-1

Ⅰ. ①你…　Ⅱ. ①大…②徐…　Ⅲ. ①下意识 - 通俗读物
Ⅳ. ①B842.7-49

中国版本图书馆 CIP 数据核字（2022）第 059143 号

责任编辑：郑叶琳　张焕强　　　　装帧设计：韩　飞
责任校对：赵懿桐

出版发行：化学工业出版社
（北京市东城区青年湖南街 13 号　邮政编码 100011）
印　　装：三河市双峰印刷装订有限公司
880mm × 1230mm　1/32　印张5¾　　字数81千字
2022年7月北京第1版第1次印刷

购书咨询：010-64518888　　　　售后服务：010-64518899
网　　址：http://www.cip.com.cn
凡购买本书，如有缺损质量问题，本社销售中心负责调换。

定　　价：49.90元　　　　

序言

“那是因为你太在意了。”

大家是不是经常听到周围人对自己这样的评价呢?

“特别在意周围人的看法。”

“太在乎别人的想法。”

“一和陌生人说话，就感觉特别紧张，不知道说什么。”

“总是担心未来可能遇到的困难，无法勇往直前。”

“觉得自己一事无成而自暴自弃，完全没有自信。”

其实，以上情况都是因为大家“太在意”所造成的。“在意”，说明此时人的显意识处于非常活跃的状态。人们的显意识越活跃，就越容易产生不安或愤怒情绪。如此一来，大脑就会变得更紧张，导致显意识失去控制。最后，当显意识完全成为思维的主导时，就会将人们担心的问题导向现实。

这就是人们“越在乎越出错”的根本原因。写这本书的初衷，是想在轻松的氛围下，给大家介绍显意识与潜意识的特征，与各位读者朋友分享经验，学习在人际关系和职场以及日常生活等场景中，调动潜意识发挥积极作用的方法。

衷心希望通过本书的分享，让曾经“特别在意他人看法”的人，多少能够获取一点潜意识的力量，从而使生活变得更轻松自如。

“潜意识”，能够帮助我们过滤掉生活中的各种“不顺心的事”。我希望大家也能和我一样，感受一下潜意识的力量。

接下来，我们直接进入主题。我们刚刚谈到了“潜意识”这一概念。“潜意识”的世界究竟是什么样的呢？在这里，我与大家分享一下我的经历。

那时候，我还是一名学生。临近考试的时候，我很焦虑，担心考试的内容没复习到，晚上失眠难以入睡，这种情况整整持续了一周左右。

最后，终于等到了考试的前一天晚上。

我告诉自己“必须要再看看书，必须把所有内容全部复习完”。于是，我就在图书馆里待了一整晚，一直都在看书复习。

我后悔自己没有早点开始复习。考试科目多，考试范围又非常广泛，我总觉得有的知识点没有复习到，可是复习起来却又有心无力。

我一边看书，一边担心着：要是自己没看完这本书，不知道明天考试该怎么办。为什么呢？因为在看书的时候，我还要不断地对抗强势来袭的睡意，实在很难集中注意力。

一坐下来，我就很想睡觉。睡着了做梦可不行，于是我就站着看书。但是，站着看书依然很困，最后我投降了。“反正人站着的时候，是不可能进入熟睡状态的，那我干脆就眯一会儿好了。”我就闭上了眼睛。

一闭上眼睛，不知不觉就进入了梦乡，在梦里，我居然还在学习。

在梦里，我正在分析书的内容，书中的主人公想法如何如何，心理状态又是如何如何，等等。

其实，这本书我根本没有全部看完。可是，在梦里，我好像掌握了整本书的内容，甚至还一一标出了考试的重点。

梦中的我，感觉一切都像做梦一样，实在是太有趣了。

然后，等我睁开眼睛，一看窗外，已经是早晨了。我意识到自己已经睡了很久，于是又慌慌张张翻阅剩下的几页，拼命想要将内容全部塞在脑海里。就是这个时候，我有了新发现。

我发现，这些内容在梦里好像就看到过。

整本书的故事情节发展，居然和我梦中分析的一模一样。我很好奇，到底发生了什么，怎么会这样呢？

明明书我都还没有看完，可是我脑海里已经知道了完整的故事，难道我还在做梦吗？我带着疑问，跳着页码继续翻书。

翻着书看了一会儿，我感觉心情稍微放松了点。考试时间还早，我决定小睡一小时再去考场，于是就躺在床上睡下了。这次，我又进入了梦境。

结果，这一次在梦里，我边学习边分析考试要点。

在不断理解分析的过程中，我茅塞顿开，恍然大悟。随后，耳边传来一些声音，让我从梦中惊醒。我马上起床，急忙赶往考场。然后，开始考试了。我把考卷翻开扫了扫，意外发现“居然有梦中出现的原题”。

梦里见过的考点，居然原封不动出现在考卷上。这种情况我还是第一次遇到，真的是太厉害了，太不可思议了。

这次考试成绩，我得了 A。实在是太棒了！我高兴得手舞足蹈。平时没怎么努力学习，没想到托梦的福，居然拿到了 A 的好成绩。

这件事让我尝到了甜头。于是，后来我陆续购买了有关睡眠学习书和一些帮助睡眠学习的磁带等，想要再一次创造“奇迹”。

我觉得，既然能够成功一次，下一次应该也能成功。带着这样的想法，我就去考试了。可惜，这一次，我什么都没有记住，考试成绩没有给我惊喜，得的是 C。

看到成绩这么差，我十分后悔，我再也不相信睡眠里学习这种事儿了。之后，没过多久，就在我快要忘掉这个插曲的时候，我接触到了“催眠疗法”，发现了“潜意识”的奥妙，于是，我再次获得了有趣的体验。

有一次我做梦时，梦里的我正在为客户提供咨询服务。谈话中，我不知怎么地踩到了对方的雷区，激怒了客户，我也知道自己做错了，应对不妥，慌慌张张想要挽回残局。但是，这位客户一直都非常生气。即使是在梦里，我也感觉非常难受。

第二天一早醒来，这个噩梦让我很不开心。

然后，我到了办公室，居然就见到这个客户。我一想，完了，难道接下来就会像梦里预示的那样发展吗？没想到，我们的对话内容，居然和梦里一模一样。

我们的谈话依然继续进行，终于，到了决定命运的时刻。

我想到“梦中这个时候，我选择了 A，结果让客户非常生气，这一次我选择 B 吧”，结果安全了。

因为很巧妙地避开了对方的雷区，最后并没有发生任何不愉快，咨询服务进展得很顺利。当时我十分激动，心想这种情况不就跟我学生时代的那次一样，都是“梦里的学习”吗？

当然，这样的惊喜，没有这种体验的人很难理解，也很难产生共鸣。

虽然我非常高兴，但是却又非常好奇，为什么我能重新获得梦里“成功”的启示呢？

于是，我就向教授催眠疗法的恩师请教。老师很淡定地告诉我，“人的显意识是有限的，潜意识却是无限的”，一切似乎是理所当然的。

老师说的“潜意识是无限的”这个观点深深地吸引了我。我想深入了解到底什么是“潜意识”。于是，我就开始专注研究潜意识的问题。

渐渐地，随着我对潜意识的了解越多，就感觉心情越放松。那些一直以来堆积在心中的烦恼都逐渐消失了，我的内心变得十分平静。此时，我才感觉到，我真正意义上理解了“潜意识是无限的”的含义。

本书的内容，或许与严格意义上的心理学和科学论证存在一定差距。

但是，帮助我们跳出常规思维，激励我们积极采取行动的，正是潜意识。

然而，我们的显意识，总是想要去阻止潜意识发挥作用。显意识所抗拒的未来，就是让我们感觉更自由、更丰富的真实世界。

接下来，我想与大家一起探寻显意识所想要隐藏的秘密宝藏。衷心期待更多的读者通过本书，能够发现潜意识带给我们的更精彩的世界。

目录

第1章 烦恼与痛苦根源于“显意识”

第 3 章 通过“潜意识”轻松搞定人际关系

第1章

烦恼与痛苦根源于“显意识”

显意识过度活跃导致焦虑

显意识活跃带来的困扰与烦恼

当我们与他人交流时，如果状态很放松，往往对话会轻松愉快，话题源源不断。但是，一旦我们担心找不到共同话题，交流起来就会显得很紧张、不自然，找不到话题，最终就会出现冷场的局面。

而且，两个人说着说着，突然话题戛然而止，陷入了沉默，人们心里就会着急，想要努力找点话题继续，可是越着急越不知道说什么，最后一段对话就这样莫名地结束了。

打个比方。这就像我们帮忙洗盘子。盘子十分精致，洗盘子的时候赏心悦目，十分开心。可是突然想到盘子这么精致，价格估计不菲，可千万不能摔了。就在这种想法出现的瞬间，突然手里一滑，盘子就“啪”的一声摔碎了。原本刚刚洗盘子洗得好好的，怎么会突然变成这样？这究竟是什么原因导致的呢？

大家是否也有类似体验呢？

真正是“越是在意就越会出错”。

小时候，我曾经认真思考过一个问题：“人究竟是怎样呼吸的？”想着想着，我就开始担心自己“呼吸的方式不正确”，就感觉自己不会呼吸了。当时，父亲在开车，我坐在车后排，那次痛苦的经历实在印象深刻。

我向父母求助：“我感觉没法呼吸了。”他们就对我说：“你不要在意呼吸就好了。”于是，我不停地告诉自己：“就是因为我太在意呼吸所以才呼吸困难的，我得想办法才能减轻痛苦。”

虽然我一边这样告诉自己，一边努力想要做到自然呼吸，但是事与愿违，呼吸反而却越来越困难。最后，不知什么时候，我竟然因为无法呼吸而晕倒了。

显意识活跃形成恶性循环导致危机

这究竟是为什么呢？

当我们大脑放空，什么也没想很自然地交流时，可以很开心地对话，但是一旦开始有意识想要找话题时，反而会“嗯嗯啊啊”，一时语塞不知道该说什么。

我们想得太多，“是不是让对方感觉不舒服了”“要是导致对方反感该怎么办”，等等。一旦紧张，头脑就一片空白，然后就会想“糟了，糟了，这样更令人不悦了”，人就会陷入更焦虑的状态。

人越焦虑，联想的问题就越多，担心自己会不会“招人讨厌”“遭人鄙视”等问题。人越紧张，对话时就越有压力，最终陷入恶性循环。

洗盘子的时候，人们“在意”的问题：盘子看起来很贵，千万不能摔破了。于是，就在这一刻，原本“洗盘子的开心”，突然变成了“万一打破了的担心”。

一旦人们在意这个问题，身体就会随之进入紧张状态，接着就会用力不均，手打滑摔碎盘子。

更有意思的例子是呼吸。

我们的呼吸，都是在很自然的无意识的情况下进行的。

不需要意识的控制，我们就能自然地呼吸，吸入身体所需要的氧气，呼出二氧化碳。

当我们运动的时候，需要吸入的氧气就会比平时更多，此时呼吸就会加快，以方便吸入更多氧气、呼出二氧化碳，呼吸的循环也会随之加快。

原本很自然的呼吸，在我们的显意识在思考“究竟是怎样呼吸”时，反而变得困难。因为“显意识”的作用，让我们产生了多余的担心，害怕“呼吸方式不正确导致的问题”。

这样一来，就会感觉呼吸更加困难，就会陷入不知如何是好的恐慌之中。

显意识的不断提示如同裁判连续吹哨警告

“显意识”的作用就是做判断：进展顺利或进展困难。“正确或错误”“善或恶”等也都是显意识进行的判断。打个比方，“显意识”就类似裁判连续吹哨，持续发出警告，不断告诉我们“错了”“打住”，从而让我们终止正在进行的比赛。

例如，**“这个犯规了”“那也是错误的”，这些念头就像大脑在连续吹哨一样，不断报警，警告我们“游戏玩不下去了”**。这才是“显意识”过分活跃的负面影响。

当我们与他人交谈时也是如此。“这个话题会不会招人讨厌”“这种说话方式会不会冷场”等念头，就是显意识在吹哨，不断告诉我们“打住，打住”，这种情况下，对话自然就很难进展顺利。

一旦这种显意识占据主导，我们就很难摆脱它的影响。因为人们在这种显意识的不断提醒下，“无论如何必须要做好”的想法会更加强烈。

而且，在“无论如何必须要做好”的意识里，同时还必然潜藏着对“完全做不好”这一批评的担心。

于是，**人们在采取某个行动时，因为担心遭遇“完全没做好”的指责，精神就会十分紧张。随后，这种对批评指责的担心在脑海中不断被强调放大，结果真的成为现实。**

显意识太活跃带来困扰。

显意识的判断在持续吹哨警告
嘟——嘟——
啊啊啊……
啊啊啊……

受制于显意识做出错误判断的人

自我意识过剩的学生时代

“显意识主导”的人有什么特征呢？我的脑海里首先浮现的一个词就是“自我意识过剩”。

这种情况下的“显意识”，指的就是过分在意“别人的看法”。

讲一个我小时候的经历。上学的时候，我经常遇到一个可爱的女同学，她总是和我搭乘同一班电车。

我很关注这位女同学，总是在想，她对我会是什么印象。

有一天，我突然萌生出一个想法：“她会不会觉得我很帅呢？”带着这种想法，我悄悄朝她那边看过去；

此时的她却低下头，和她身边的朋友开始聊天。

“她是不是发现了我在看她，我的视线是不是让她感觉不舒服呢？”当时，我就感到很不安。想到这一点，我就顿时难受起来，“会不会是因为觉得像我这样土气的男孩，居然还向往她那样的女孩子，让她感觉不舒服，所以她才不高兴呢？”

我就这样想着想着，不由得开始害怕，不敢再看她一眼，但是内心却更加肯定“她一定很讨厌我”，于是，我的不安越来越强烈。

“要是明天她再也不和我坐同一班电车，我该怎么办？”

就这样，我不安地胡思乱想着，到了晚上也根本无法入睡。

第二天早上，我想，说不定又会碰到那个女孩和她坐同一辆车，情不自禁想要确认一下对方是不是很反感我。我忐忑不安，在候车的站台上搜寻那个女孩的身影。

“啊，她在那儿！”当我看到那个女孩子，顿时感觉安心了。但是，很快我又想到：“也许她根本就没有注意到我。（在她眼中我什么也不是。）”于是我又一次陷入不安中。

“或许她早就发现了我，但是根本不想理我吧。”

就这样东想西想，我的情绪愈加低落，心情变得十分糟糕。

显意识正负面如影随形追求“永恒”的平衡

回忆学生时代的经历，我们会发现，那些显意识里太在意他人看法的人，具有一个基本特征。

当我的视线落在那个女孩身上时，我会非常紧张地观察她的反应：她会不会觉得我很土气、很懦弱，根本不想理会我？

当然，和周围的人相比，我的确也很自卑。我总是觉得自己“很没用，很懦弱”。但是，同时我又抱着一丝幻想：“说不定她会因为总是见到我而喜欢我呢。”

这，正是人类的有趣之处。**人的内心，始终蕴含着追求“永恒”的理想**。例如，当我们遇到某些不好的事，当时感觉十分愤怒，但是随着时间流逝，我们自己会慢慢想通，最后恢复平常心，然后“就那样算了吧”。这就是我们体内的力量，正负意识相互抵消，消解归零，恢复原状。

因此，在我们感觉“自卑”的同时，内心却潜藏着与之完全相反的“自负”。一方面觉得“自己不行”，一方面又觉得“如果较真起来肯定很受欢迎”，内心始终想要保持两种相反意识的平衡。

“如果她每天都能看到我，说不定她就会喜欢上我呢。”因为脑海中产生了这个念头，所以我会有意识地去观察那个女孩子的反应。

在显意识幻想着“说不定她喜欢我”的同时，我又会否定自己，担心“要是她讨厌我怎么办”“要是她觉得我很土，根本不想理我该怎么办”等等。

然而，现实并不是电视剧。“只是因为总是看到我，然后就喜欢上了”这种桥段，根本不会出现。我觉得自己“很土”的同时，却又抱有莫名自信，“虽然我的发型、衣服根本没有精心打理过”，却信心满满地幻想“对方或许对我有好感”。两种截然相反的想法居然同时存在，实在不可思议。

只是，我一边幻想着，或许我的形象和视线能让对方产生一些情绪波动，一边却又联想到一些负面的情况，担心“对方反感我，根本不想理我”。而且，这种悲观的观念，因为幻想太过乐观而变得更加强烈。

太过在意他人眼光的人群特征

其实，这种特征和我们判断一个人，例如没有人格魅力、不会说话、不会聊天等，都是同样性质的。

人在越“缺乏自信”（负面）的时候，越是想要积极努力进行正面的“自我肯定”，认为自己其实“非常厉害”的想法就越会被放大。

在我们和他人交流的过程中，一方面，会认为“自己的言谈举止会产生很大影响”；另一方面，可能担心“万一说话时措辞不当，会不会导致反感”。自负、自卑不断反转，如此一来就会陷入自负与自卑的反复交替中，最后就会形成思维的恶性循环。

但是，我们不妨想得简单一点。其实“自卑的人”，他们的言行往往对周围人并不会产生什么影响。我们完全没必要感觉不安。事实上，正是因为太在意他人，才会导致多余的焦虑和不安。

此外，在备感“自卑”的同时，觉得自己实际上“其实很厉害”的念头会更强烈，这样就会很容易产生错觉，自负地以为自己了解对方的想法。

因此，当我和别人交流时，发现对方的视线没有看着我，而是看着地面，我就认为对方“可能有点讨厌我”。

其实，我们根本不了解别人，但是却自以为“很了解”，然后就轻易做出判断，认定对方讨厌自己，将自己一厢情愿想当然的想法当成现实。这就是太在意他人眼光人群的典型特征。

换言之，之所以特别在意他人眼光，本质源于“自卑”。因为“意识到自己存在不足”，所以“无论如何都必须努力掩盖这种不足”。这种想法越强烈，就会表现得越自负，想当然地认为凭借自己的影响力和能力，完全能够掌握对方的想法，因为有这种思维，所以才会产生过度焦虑。

显意识越活跃越容易出错

“自以为是”往往容易导致“最坏”结果

在我的学生时代，我记得我经常挨母亲的责骂。母亲总是骂我“明明认真学习就可以学好，为什么就是不认真学习呢”。

每次听到母亲这样骂我，我都会答一句“我懂的”。其实，在我回答的那一刻，某种“显意识”的担心就已经启动，并且最后导致了“最坏”结果。

其实，当时我的内心活动是这样的：

“要是我不认真学习，得了最低分会怎样？”

“父亲又会揍我。”

“班上同学肯定会笑话我。”

无论如何，我必须好好学习。但是，由于联想到自己做不好而产生的系列后果，反而完全无法专心致志地学习。一会儿看看指甲，觉得有点长该剪了，于是开始抠指甲，一会儿又看看桌子，发现桌子某个地方有点脏需要清理了，总之，就是无法静下心来学习。

虽然不断提醒自己，“无论如何我必须认真学习”。但是，我越这样提醒自己，却越觉得焦虑，反而不断拖延磨蹭，白白浪费时间。等到熬到考试当天，又开始后悔，“要是当时认真学习就好了”。

最后，自然是考试成绩不及格。母亲看到成绩又开始数落我：“看吧，早就跟你说了，你就是不好好学习，成绩才会考这么差。”果不其然，最后导致了最坏的结果，我还结结实实挨了父亲的一顿打。

为什么“明明知道”，但是却依然无法付诸行动，反而做出了最坏的选择呢?

当“我懂的”这种显意识发挥作用时，我就已经做了最坏的结果设定：要挨父亲一顿揍。

因此，虽然我明明知道“如果不好好学习就会不及格”，但是正如前文所介绍的那样，人总是想要努力维持意识的恒常性平衡。因此，我一边提醒自己，“必须要好好学习”，另一边，不知哪里产生的谜之自信，让我觉得“无须努力也能轻松过关”。而且，**当我们不断提醒自己，可能会产生“最坏结果”时，就越来越自负，认为自己能够“轻松过关”。但是，更可怕的事**

结果，完全无法静下心来学习

情，就是在“无须努力就能轻松过关”这种自以为是的想法中，我们逐渐丧失了行动的“干劲”。

缺乏决断能力容易做出最坏选择

另外，最近我还遇到了这样一件事。

我看中网上某个卖家销售的一款汽车配件，当时我就很想买，觉得买了配置上应该会方便不少。我知道“早点下手购买比较划算”，但是，我的内心却很纠结。“说不定有的卖家价格更便宜”，于是，我开始在网络上搜索其他价格更便宜的店家。我想要买的东西，估计其他人肯定也想买，我得早点下手。于是，我一边提醒着自己“必须要早点订购”，一边却又开始犹豫，觉得“这个东西会不会是白花钱”。想来想去，就是无法下定决心点击“购买”。等到最后，我纠结一番，最终决定还是购买，结果打开价格最便宜的那个卖家的页面，上面显示“商品售罄。不提供增购预定”。

然后，我又翻开其他店家的销售页面，结果所有店家都显示商品售罄。最后，我终于还是买到了相同产品，只是生产厂家不同，但我最终选择的这个卖家，令人感觉就像“抢钱”一样，价格是我最开始看到那个卖家的 2 倍。

我自然是悔不当初，早知道一开始就下手买了。但是，我明明知道可能出现的情况，最后却依然做出了最坏的选择。这个案例，同样可以说明，我们越在意某件事，就越容易出现问题。

4 显意识真正的可怕之处

出于好心的想法会唤醒显意识

一位教授，曾经在课堂上讲了这样一个故事。

有一位母亲，照顾孩子的时候，总是反复问孩子“你是不是渴了”，然后给孩子喂水。这位母亲时时刻刻关注着孩子，觉得孩子渴了就去给孩子喂水喝，这种行为模式一直反复持续着。结果，没想到有一天，因为母亲没能给孩子喂水，孩子就因此出现了脱水症状，最后不幸死亡。这是一个令人震惊的悲剧故事。

在我开始从事依赖症治疗相关的工作后，我常常接触到类似的可怕案例。有一位男子，他非常苦恼，一直想要戒酒。每当他在家想要喝酒时，妻子就很担心，总是会出面阻止他，让他控制点少喝点。

这样的情况多次发生后，男子就觉得“少量的酒没什么问题”，没想到，后来男子发展成了严重酒瘾。最后，男子因为长期饮酒过度，导致内脏器官功能衰竭，不幸死亡。

这位母亲，总是想着“为了孩子好”，时刻提醒自己给孩子喂水喝；这位妻子则想着“为了老公好”，想要控制老公喝酒的量。但是，这种反复的善意提醒，却让对方越发在意这个问题。结果，显意识越活跃反而越容易出问题。孩子因此出现脱水症状，男子因此患上重度酒瘾。最后，孩子不知道身体到底需要摄入多少水量才合适，男子不知道如何控制酒量的多少，最终导致最悲惨的结局，两人均不幸死亡。

以上两个案例，实在是令人深受打击。这两个案例，让我深刻意识到，“显意识的善意提醒”，有时候会导致可怕的结局。

显意识的不断提醒剥夺了人的快乐感受

此外，显意识的担心会剥夺我们的快乐感受。

比如，父母越是不停地质问我们“为什么不好好学习”时，我们越无法集中注意力好好学习。

因为父母反复叮嘱我们，“一定要好好学习”，我们的脑海里就会被迫出现“学习”的字眼。当父母越强调“学习”的重要性，孩子反而越缺乏学习主动性，失去“探索知识的好奇心”，最后脑海里就只剩下“学习是件苦差事”这个念头。

同样，许多前来寻求咨询的客户中，有不少人感觉“工作不开心”，这种现象，其实与上文中的案例性质是相同的。

一位职场人士，他们办公室管事的女职员，每次布置工作任务时，总是反复叮嘱他“你一定要注意检查，千万不要出错”。但是，每次接到这样的工作指令，他就会下意识地担心自己工作“出错”。

他告诉我，他担心出错的瞬间，脑海中就会同时冒出一个念头：“检查实在太麻烦了。”结果，自然就是工作中出错，然后就总是被办公室管事的女职员点名批评，然后又再次被特别叮嘱一定要检查。结果，就这样反复出错，反复挨批评，工作陷入恶性循环。

就这样，他在工作中，完全丧失了“实现目标”“完成工作定额”等成就感，感觉“工作一点也不开心”。

很明显，正是因为办公室管事的女职员的有意的提醒，剥夺了他的工作成就感，让他完全感受不到工作的乐趣。

顺便一提，这位职场人士，在接受咨询服务后，有了收获。他发现，当他稍微拉开与办公室管事的女职员的距离，就会感觉到工作起来很开心，心情也逐渐变得愉悦。

对方有意识的提醒或许会导致最坏结果

很多职场人士，因为遭遇重重压迫，感觉工作不开心，认为“自己社会性死亡”。因为受这种有意识担心的影响，他们在工作中完全无法感受到“快乐”，只感觉到社会生存的痛苦与无奈。

这位办公室管事的女职员，和上文中那位持续给孩子喂水的母亲，或许她们的本意，只是提醒，出于“不明确告知就会出问题”的担心，想要强调一下，本身并没有“有意识提醒从而逼对方就范”的想法。

或许，站在办公室管事的女职员的角度，可能只是想着“无论如何要主动做点什么”。但是越这样想，也就越意识不到自己言行对他人产生的影响。

因为他人的不断提醒而被迫产生的意识，会令自我感知能力逐渐麻木，进而发展到不知该如何合理地生存下去。与之相反，那些不断提醒他人的人，就会在不知不觉中摧毁对方的感觉，眼睁睁看着事情走到最坏的结局。

来自他人有意识的提醒，影响力是巨大的。

显意识与大脑之间的关联

当紧张这一开关功能失灵……

一直以来，我就特别羡慕一种人，他们总是无所顾忌率性地活着。而我，总是不停地告诉自己“必须认真学习”“必须整理房间”“说话必须注意分寸不要招人反感”。然而，我越是这样有意识地提醒自己，越容易“出错”，事情总是在朝着最坏的方向发展。

另一方面，每次看到那些很多事都满不在乎、率性而为的人，我总是非常羡慕：“为什么他们的人生如此顺利？”　“到底我们之间有什么不同？”我一直都想找到答案。

终于，通过各种研究以及咨询服务的经历，我找到了原因。

有这样一项研究，主题是“为什么有的人长期处于紧张状态”。

某次小白鼠的实验中，实验室人员将刚出生的小白鼠和母老鼠进行隔离；隔离一段时间后，再将小白鼠放回到鼠群中。但是，这只回归的小白鼠很难合群。看到这个实验的时候，我非常吃惊，这不正和我的情况一样嘛。

一直和母亲待在一起的普通小白鼠，在紧张时，只要感受到母亲的温暖，就会很安心，大脑中“紧张”这一开关就能正常发挥作用。

因此，只要它们待在群体中，就能感受到群体的温暖，就会感觉很放松不再紧张，它们知道自己是群体中的一员，因此能够融入群体之中。

然而，这只一出生就被迫与母亲隔离的小白鼠，从未感受过母亲的温暖。因此，它大脑中的“紧张”这一开关就无法正常运作。最后，虽然被放回群体之中，但它依然表现得格格不入，丧失了群体归属感，总是处于紧张焦虑的状态。

情绪紧张 = 显意识处于活跃状态

当我们处于放松状态时，大脑就会完全放空，什么都不会放在心上。但是，一旦我们紧张起来，大脑就会急速运转，思考一系列问题，这就是我们所说的“显意识活跃状态”。

我们便用通过唾液检测压力值的装置，检测了一些特定人群——“幼儿期没感受过母亲温暖怀抱”的人群。检测结果显示，这类人群的压力值“在应该升高时无法升高”。

因为，他们大脑中的紧张机制这一开关失灵了。完全无须紧张的时候，他们总是表现得十分紧张焦虑。但是，需要调动紧张情绪的关键时刻（压力值理应升高的场景下），他们一点也感觉不到紧张，整个状态就是“使不上劲，什么都做不了”。

此外，由于大脑紧张机制的开关失灵，会出现持续性紧张，导致大脑过分活跃。以我自己的例子来说，我就是头前额叶区域太过活跃。这部分大脑功能主要负责预测未来，于是我总是特别担心“未来的事”，遇到任何事情都想太多，很犹豫难以做出决断。可是，等到了真正的关键时刻，因为头前额叶区域功能失灵，完全无法执行“正确的理性判断”，结果总是导致令人遗憾的结局。

换言之，**当大脑中负责控制紧张情绪的开关失灵，就会导致我们在不该紧张的时候紧张，导致大脑过度活跃，在无须想太多的时候想太多，徒增烦恼**。这种情况下，我们就有可能受到“显意识”状态的影响。

顾虑越多就越紧张的原因

大脑失控无法阻止显意识的影响

前文中，我们讲到，人一紧张，大脑就会过度活跃。一直处于显意识思考的状态下，紧张程度就会加剧。而且，人越紧张，越难保持大脑思维的平衡，最后就会影响人们做出正确判断。

例如，乘坐电车时，看到拿着手机旁若无人大声讲话的大叔，就会觉得火大。如果周围人群的大脑紧张机制功能正常，可能那一瞬间想要骂一句“没素质”，但是很快就又会想到“周围有人还是算了”，于是继续埋头开始看书或看报纸。

然而，因为我的大脑紧张机制失灵，我首先想到的是，我必须批评“这种无礼行为”，然后就会联想很多，并且一发不可收拾。我想要提醒他，让他注意一下。

随后，我又联想到周围人的反应，开始担心“如果我特意提醒这个大叔，周围的人会不会认为我是个危险人物”。想到这里，我又变得不安起来。

而且，我越感觉不安，就会越发厌恶这个大叔，越发在意他大声打手机的不文明行为。于是，我内心的愤怒和不安的情绪不断累积，大脑愈发紧张，完全无法控制显意识的各种胡思乱想。

就这样，**一旦这种显意识的焦虑开始运作，大脑就会越发紧张，无法抑制大脑的过度活跃，最后就会导致正确思考能力的丧失。**

如此一来，等到了关键时刻，紧张机制却怎么也无法启动。虽然内心想着“快去提醒一下”，但是一站到大叔面前，却只会“啊，啊，啊”，连话都说不出来。此时，如果对方吓唬一下“根本不知道你在说什么”，就会导致我的紧张系统开关完全瘫痪。最后，落得一个悲惨结局，在“懦夫、软弱、无能”的嘲笑中，我在众人面前颜面扫地。事后，只能流着眼泪，为自己“又做了最坏的选择”而懊悔不已。

“显意识”，对于大脑紧张机制功能正常的人而言，是“不可或缺的存在”。但是，对于紧张机制功能失常的人而言，他们的显意识越活跃，就越会感觉不安和愤怒。因此，大脑紧张程度不断加剧，最终导致大脑思维失去控制，那些在显意识想象中的不幸结局，就会在最后变为真实的现实。

第2章

潜意识状态的特征

潜意识状态有助于建立自信

自卑与自信并存

以前，每次当我特别想要促成一件事时，往往是越想做好，反而越做不好。所以，一直以来，我都很自卑，老觉得自己能力不行。

就像以前那样，我总是有意识提醒自己“要好好学习”，但是每次都是“三天打鱼，两天晒网”，没有常性，无法集中注意力学习。运动也是如此，虽然明白需要“继续提高”，但是却无法坚持不懈地进行练习。我干什么事都是半途而废，做任何事情都没成功过。

我对传授催眠疗法的老师讲述了自己的经历。老师听了之后，告诉我："虽然你觉得自己很自卑，但是在我看来，你其实拥有非常坚定的自信。"这句话，让我不由得开始思考。

在我的记忆中，在家里我总是挨父母责骂、挨揍，总是哭得很伤心。在学校，我总是被同学欺负，我想通过学习争口气，让那些欺负我的同学看看，但是我成绩也不行。那时候，我总习惯自我否定："太讨厌了，我什么都做不好。"

但是，转念一想，我产生这样的念头："奇怪了，为什么自卑的我居然还能站在这里？"

我终于明白，我来这里的初衷，是因为我"想要比其他人更快掌握催眠疗法，更好地为前来咨询的客户提供帮助"。

虽然在显意识中，我认为自己能力不足，反应迟钝，没能熟练掌握催眠疗法。但是，在我的潜意识中，我充满自信，我相信我能更快掌握催眠疗法的精髓。不知什么时候，我就到了这里，来听老师讲课，而且我的学习态度比其他人都更加认真。

当我们在显意识中不断自我否定，觉得自己不行，潜意识就会激发出更多的自信，就会想要有意识地挑战"或许根本不可能做到的事"。当我意识到这一点时，我自己也大吃一惊。

我想，那些前来寻求咨询服务的客户，或许他们的潜意识也发挥着同样作用。

潜意识努力维持意识的平衡

有一天，一位客户前来咨询。他想要解决自己“不善于表达”的问题。客户告诉我，直到现在，在面对众人时，他从来都做不到侃侃而谈。在职场上，他更是因为不会说话而吃了不少亏。

他想，如果自己变得充满自信善于表达，人生将会发生巨大变化。如此一想，他觉得不应该就这样原地踏步，决心做出改变。

那些口才好的人抓住了好的工作机会，而那些和自己一样不善言辞的人，就只能被迫做些打杂的工作，而且还经常加班，实在是太不公平了。

我试着观察了一下，想确认这位显意识强调自己不自信的客户，其潜意识的真正想法是怎样的。很快，在与客户的交谈中，我找到了答案。在这位客户的潜意识中，他其实是认为“周围人说的话毫无内涵，毫无意义”。

也就是说，这位客户，在对方没听懂自己的发言时，一方面自卑地觉得“自己不善于表达”，另一方面潜意识里却又很自信，认为“自己的发言内容太高深，只是对方听不懂而已”。

在我揭开客户潜意识的真正想法之后，客户很吃惊，他没想到自己内心居然是这种想法，然后十分紧张地说：“我是个让人反感的人吧？”他为什么这么说呢？因为这种潜意识的想法，本质上表达的是对周围人“无知”的一种鄙视。

接下来，我对这位男性的潜意识进行了进一步的观察。

最后，我得出的结论是：他并没有看不起周围的人，只是单纯想要找到能相互沟通的对象而已。

他只是希望周围的人，能力与自己相差不多，可以找到话题顺利沟通。此时，我能察觉到他潜意识里，对自己是信心十足的。

虽然在显意识里，他认为自己不善言谈，感觉很不自信，但是，在潜意识中，他对自己充满信心。后来，这位男子逐渐做出改变，开始阅读一些很有深度的书籍，然后主动参与到一些高端人士聚集的讲座中。

这位男士在接受完咨询后，发现自己的潜意识是充满自信的。于是，很自然地，他决定换个工作。他跳槽了，投入到“与自己水平相当，可以顺利沟通交流”的职场中，继续打拼。

通过这种方式，他终于摆脱了不断“自我否定”的烦恼。

自信与自卑的本质差异

显意识表现为过于在意他人眼光

我常常思考这样一个问题：为什么有些人做任何事都充满自信，而我总是不自信呢？即便是上班，在乘坐电车的时候，我也一直在思索这个问题。为什么电车里的其他人都看起来很自信，我却这么自卑、这么畏畏缩缩呢？每次这么一比，我就总是垂头丧气。

以前，我一直很烦恼，搞不懂自己“为什么这么自卑”。我拼命努力地思考，想要找到我和自信的人之间到底有什么不同。当然，如果只是就表现的角度而言，我也能让言谈举止看上去似乎很有自信，但是始终很难持续。不过，通过观察潜意识，结果我发现了自己的真实想法：越是显意识占据主导地位就越会感觉不自信，但是潜意识占据主导则会表现得信心满满。

那么，究竟是什么样的“显意识”，让人变得不自信的呢？当时的我，只察觉到了一个简单的因素，那就是“他人的眼光”。换言之，当我们做什么事情的时候，**我们越关注“别人对自己的看法”“别人眼中的我是什么样子呢”，就越会在意他人的想法，越对自己失去信心**。的确，因为我总是有这种意识，乘坐电车的时候，我就一直担心别人会怎么看待我，在惴惴不安中慢慢失去了自信。因为对自己没信心，在职场工作中，毫无例外总是反复出现失误，结果到最后我仅存的少许自信也在不断打击中消失殆尽。

潜意识多隐藏在被忽略的细节里

在这里，我们会发现很有意思的现象。当我们不断提醒自己“尽可能不关注他人看法”时，反而会“更加在意他人的视线”了。当我们特别在意某件事时，就会表现得很不自信。

我发现，那些充满自信的人，他们基本上不在意别人的看法。但是，他们表现出的这种不在乎，并不是他们有意识地去做的。

经过仔细观察，我发现，他们关注的部分，往往是大多数普通人所忽视的方面。例如，在职场，一般人关注的重点，主要集中在“工作业绩”“上司和同事的评价”等。但是，那些充满自信的人看到的是“这种接电话的方式太有型了”“认真倾听他人讲话的姿态很有魅力”等，也就是说，他们关注的往往是“大多普通人所忽略的细节”。

于是，我开始尝试模仿他们，学着像他们一样，去观察那些其他人所忽略的细节。经过模仿学习，不知不觉我开始变得自信了，我认为自己“完全能够胜任工作”，这样状态下的我，工作业绩居然也不可思议地获得了提高。

那么，我们究竟怎样做，才能做到不过分在意他人看法，观察到普通人所忽略的细节呢？这个方法我们将在第 3 章之后为大家进行详细解析。

完美主义者尤其缺乏自信

因为不自信所以追求完美

完美主义者的特征，就是做任何事，都想要追求完美。由于预期目标很高，对自我的要求严格，他们也更加在意他人的看法。

因此，站在局外人的角度，他们看起来好像“自信满满”，但是，实际上他们的内心焦虑不安，“毫无自信”。

假设设定的是“完美”的目标，那么考试时，就必须达到 100 分的满分。即便得了 90 分以上的高分，他们也会自责“怎么才考 90 分，太没出息了”，并因为自己未能达到完美而“丧失信心”。

任何人，都不是神，不可能任何事情都能做到

“心想事成”。因此，完美主义者的问题，在于他们总是“追求完美但是很难做到完美”。因此，最终结局，他们只能挑剔不完美的自己。

越缺乏自信，就越想要设定“必须达到完美”的过高目标，并且拼命努力想要实现目标。即便最后这一目标顺利达成，但是因为追求“完美主义”，他们总去关注那些“做得不够完美”的环节，结果最后还是觉得自己能力不行，进而失去信心。

完美主义者永远都是不自信的。

未达到完美就不采取行动

此外，因为完美主义者事事力求完美，当他们认定“因为不完美，所以目前还不能行动”时，处理问题就可能拖延，迟迟不能采取行动。

这类人群，一门心思想要“追求完美”。但是，一旦他们感觉“精力”或“体力”不足，就会认定问题“无法解决”。

比如说，“感觉今天有点累，暂时不处理”，其实就是认为“自己的体力无法保证问题完美解决”，完美主义思想起着主导作用。

回复邮件时也是如此。他们会想着“回复邮件一定要做到完美无缺”，于是大脑就不停地思考“对方看了自己的回复会做何感想”等问题。

结果，这样一来，时间耽误了，原应按时回复的邮件迟迟没有回复。结果，还给别人留下不好的印象，让人觉得“这个人做事不靠谱”。

因为嫌房间还不够清洁，抽屉还不够整洁，所以迟迟不回复工作邮件。结果，最后就只能自责，认为“自己没用”而丧失信心。

不了解自己的人习惯苛求他人

此外，还有一种类型的完美主义者，他们是要求他人“必须做到完美”。

他们的视线，总是盯着别人的错误，习惯于不停挑剔指责他人。他们一会儿觉得“那个人的做法是错误的”，一会儿又认为“那种想法是不对的”，等等。当然，他们挑剔他人的方式，大多情况下，要么只停留在脑海中，要么就是在网络上。

这种类型的完美主义者，如果要让他们承认自己“做不到完美”，他们就会感觉到极度不安，认为自己“完全没有存在价值”。因此，他们热衷于持续批评指责他人，总是挑剔别人，嫌弃别人“做得不够好，做错了”，等等。

这些喜欢批评指出他人缺点的人，乍一看，他们似乎对自己信心十足。

但是，**事实上，他们根本不自信。他们这种行为，只是因为不想面对“自己无法达到完美”的现实而已。**

显意识拉低自我评价

显意识造成负面影响的恶性循环

人的显意识，其实就是在进行判断，判断“对或错”。

在完美主义者眼中，“不完美就等同于错”，这种显意识占据主导。因此，他们无论对待自己，还是对待他人，都显得十分挑剔，他们的脑海中就只装着各种缺点和不足。

当显意识主导“对或错”的判断，就容易出现“百般挑剔”的情况。最后，不仅伤害了自己，也伤害了他人，还会导致“自我评价低下”。

小时候，母亲总是对我进行各种指责批评。她总是说我这也不行，那也不行，老是指责我的缺点，所以我几乎每天都是哭着度过的。

或许，在周围人看来，母亲的这些批评指责初衷都是“因为爱”，目的都是“为了我好”，而且正因如此我“学习成绩提高了”。但是，事实上，我对自己评价很低，我总是认为自己成绩差，认为自己是“学渣”。

在我挨批评的时候，我弟弟常常静静地坐在一旁看着。在这个过程中，他获得了成长，他知道“什么样的行为会挨批评，长大后就没出息”。最后，他成功地成了父母眼中 “无可挑剔”的好孩子。当然，在弟弟的成长过程中，他的自我评价估计要比我这个哥哥高出许多。

即便没有母亲在身边督促着，我只要想到“为什么就不能好好学习”这个问题，就会觉得“完全无法集中精力学习”。最后，我对自己的评价一直很低，我一直认为自己“成绩一点也没提高，人又傻又没出息”。

有时候，我甚至会怀疑自己：“为什么我的房间就做不到像别人那样收拾得干净整齐呢？”当我开始挑剔自己，我就更懒得去收拾整理房间了，房间总是乱糟糟的，待在这样的房间里，我的心情也总是很糟糕。

我当然明白，“只需要好好收拾整理一下就可以了”。但是，我一旦开始纠结自己“为什么不去收拾”，就觉得自己“做不到”。于是，连垃圾也不丢，垃圾扔得满屋都是，到最后整个房间里弥漫着一股恶臭。我就待在这样的房间里，陷入了自我否定和自我厌弃的情绪中，完全无法自拔。

潜意识有助获取身心自由

但是，当我们不再追问自己“为什么做不到”，不刻意去分析“为什么别人能做到自己却做不到”时，你会惊讶地发现，自己“居然开始主动收拾房间了”。

于是，趁着垃圾还没有堆成堆，及时地进行垃圾分类和处理。然后，每天都用吸尘器打扫房间。地毯的表面，也清理得非常干净，光洁如新。房间整洁干净，人也充满了自信，可以大胆地邀请朋友前来做客。

朋友看到房间干净整洁，必然会称赞你“爱干净”。在得到朋友肯定的同时，我们对自己的评价也会提升。

或许在母亲看来，会认为“通过不断提醒，才能让孩子长大懂事”。但是，在这样的教育模式下，我明白了“如果我不能主动做出改变，我将永远无法成为合格的大人”。于是，我拼命努力，开始“有意识地改变自己”。

但是，当我越是想要努力做出改变时，我越是深刻感觉到自己“无能为力”。我“什么都不懂”，我“比不上其他人”，我对自己的评价越来越低，并认定自己是个“没用的人”。

对我而言，显意识主导时，就在不断拉低我的自我评价。当我完全脱离显意识的控制，将思绪全部都交给潜意识后，原本以为根本做不到的事情，我却能迅速完成，而且在行动时我感觉开心和自由，自我评价也不断提升。通过这样的方式，我成功地实现了自我蜕变。

潜意识帮助我们告别烦恼

显意识剥夺我们的时间

显意识中我们担心的问题，会持续不断造成情绪上的不安。我们会认为一件事“左也不对” “右也不行”，总是顾虑重重，最后想来想去，时间已经过半，事情却毫无进展。

而且，由于思考本身这一行为已经十分耗费心力，加上“什么都做不好”的担心，就会缩手缩脚，迟迟不敢采取行动。

而当我们“借助潜意识的力量”时，就会感觉像“自动驾驶”，不再烦恼，不再顾虑，能够放心大胆地采取一系列的行动。

只需要我们不断进行自我肯定（参照第 4 章第 7 节），只需要按照程序激发潜意识（参照第 4 章第 10 节），抛弃一切顾虑，就可以自动推动工作顺利开展。

例如，前文中说明，当我们启动潜意识时，就不会感到胆怯，也不会觉得做家务、打扫卫生令人烦躁，而是能够很自然地主动采取行动，三下两下、手脚麻利地解决问题。而且，在我们完成任务的时候，或许还会觉得时间过得飞快。这种方法实在是非常方便。

在此之前，从发现问题而烦恼到采取行动，往往需要很长时间；而且，好不容易开始行动，却又因为大脑思虑过度而感觉精疲力尽体力不支，觉得行动"太麻烦"，于是就根本不想动。不想打扫房间，不想做家务，时间就这样白白浪费掉了。

就这样一直拖着，等到发现"时间所剩无几"时，压力陡然倍增。于是，又开始不停地想一些不愉快的事，担心未来的情况，不断强化显意识担心的问题，最后已经没时间采取行动了，就这样形成了一个恶性循环。

潜意识激发我们的潜力

但是，如果我们通过不同的方法激发潜意识，借助潜意识的力量，我们会发现，工作效率会大大提高，事情处理也变得十分便捷。而且，因为自己的可支配时间增加了，我们也会变得更开心快乐。

我们会发现，**当潜意识占据主导时，我们的生活会变得更轻松，自己的可支配时间会更充足。**

此外，**得益于潜意识的帮助，我们的烦恼减少，我们的自由支配时间增加，同时周围人对我们能力的肯定和赞美也变多了。这真的是非常有意思的现象。**

以前的我，一直都想不通："为什么我这么努力却依然得不到别人的肯定呢？"我想，或许就是因为显意识中的担心成为主导，让我内心害怕"无法获得他人肯定"的不安变成现实，所以我才有这样的困扰吧。

在潜意识主导的世界里，不会像显意识那样，将我们想象中的问题变成现实。而且，潜意识还有助于激发我们内在的潜力。

当我感受到这一点时，我开始越来越多地借助潜意识的力量，充分享受可以自由支配的时间。

显意识
该怎么办，
做还是不做？
太麻烦了。
啊，没时间了！

潜意识
轻松快速！
手脚麻利，三下两下！
时间充裕，
还可以看会儿书。

激发“潜意识”的方法多样

潜意识无须刻意驱动

当显意识处于主导地位时，“改变自我”需要我们付出相当程度的努力。但是，一旦我们开始担心“这种努力是否有用”，就认为“自己完全做不到”，然后就想中途放弃。

只有极少数特别的人，通过持续不断的努力，充分发挥他们的能力，就能登上事业的高峰。但是，于我而言，我很清楚，“我是完全做不到的”。

但是，这些“特别的人”，其实并不是付出了多么艰辛的努力才获得成功，也许只是充分发挥了“潜意识”的力量而已。

或许他们并没怎么努力，只是自然而然地展现了自己的能力。

的确如此。很多运动员，都十分重视“流程”。他们通常会通过某个固定动作，激发潜意识的力量。

优秀的科学家在做科学研究时，从来不会担心“会不会有新发现”“会不会失败”这些问题，也不会有意识地用语言表达出这种想法。他们通常都会强调“只有尝试一下才知道”，在研究中抛弃各种顾虑，充分激发潜意识的力量，最后获得令人瞩目的研究成果。

优秀的作家也是如此，他们走在路上，并不是通过观察到的东西，而是通过超出视线范围的想象来“激发潜意识”，于是一个个故事的灵感，就源源不断地涌现。

潜意识不受边界限制

屏蔽“显意识”的负面影响，激发潜意识的积极作用，这会不会是一项非常复杂烦琐的操作呢？我们的显意识当中，或许会有这样的担心。

但是，事实并非如此。**通过固定流程或形象，以及“一切皆有可能”这几个字，我们就能够快速激**

发潜意识的功能，“发挥出我们原本似乎并不具备的才能”。

当潜意识发挥作用，我们就能发现之前未曾发现的情况，理解之前无法理解的事情。而且，激发潜意识，方法其实是数不胜数的。

的确如此。虽然人的显意识存在明显界限，但是潜意识却没有边界限制。在潜意识的世界里，潜意识能够发挥无限的力量。接下来的一章，我们将一起学习如何开心愉快地运用潜意识。

第3章

通过“潜意识”轻松搞定人际关系

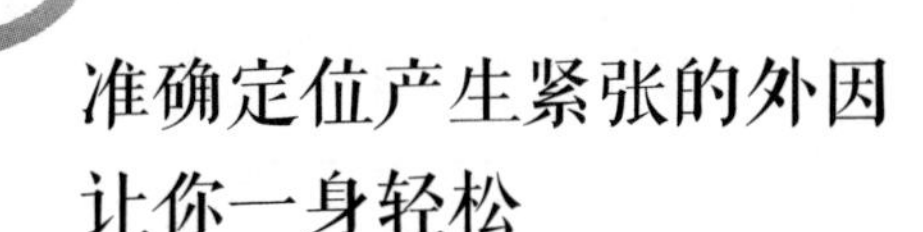

1 准确定位产生紧张的外因让你一身轻松

紧张不安会传染

当一个情绪紧张的人坐在我们身边时，我们也会“因受到影响而变得紧张”。

例如，结婚典礼上，有时我们身旁有等待发言的嘉宾。虽然我们也很清楚，“自己不用发言无须紧张”，但是眼看着快要轮到身边的这个人致辞时，不知怎么的，就会感觉受到“紧张情绪的传染”。这是因为人的大脑存在一个“共情机制”，它在发挥作用。

此时，我们的大脑就会模仿对方的大脑，对方的情绪会让我们也感同身受，因此我们也会产生紧张情绪。这种情绪并不是在显意识的主导下出现的，而是自主（潜意识主导下）模仿了对方大脑的情绪变化。

只不过，就像上面结婚典礼发言致辞的例子一样，当身边的人发言结束，我们就立刻感觉轻松了。这个例子很好地做出了解释："身边人的紧张情绪传染给了我们。"

但是，**如果我们没有察觉到自己的紧张情绪其实是来自外部因素的传染，就会认定"自己很紧张"，并有意识地从自身寻找紧张的来源**。

实际上，在开会时，很少有人会想到这个问题——我们之所以感到紧张，是因为受到某个人的影响。大多数人会有意识地从自身找原因，比如"我不善于表达""那个人不好相处所以我会紧张"等等，于是就会越想越紧张。

只是，这些被意识所认定的引发紧张情绪的原因，很明显并不是来自我们自身，所以我们找到的都是"错误答案"。自己主观认定的紧张源头没有找到，感受到的不安与紧张情绪也就无法得到缓解。

追溯紧张愤怒的源头可以释放压力

比如，有一天，你下班回到家，结果发现老婆阴沉着脸，一声不吭。

于是，你就会猜自己怎么招惹她了：是不是因为没有把洗好的衣服叠好？可是衣服叠好了，老婆依然一脸不高兴。

对了，是不是因为没时间打扫卫生，家里到处都是灰，所以老婆才生气的呢？可是，拿起吸尘器打扫卫生后，老婆还是黑着脸。此时，很多人就会失去耐性，开始生气了：“到底怎么回事？我都已经这么努力了！”“下班回来累得要死，到家还要受气，真是烦透了！”这时，你突然想起来，之前跟老婆说好了要买蛋糕，于是赶紧出去买了蛋糕回来。蛋糕买回来之后，老婆终于不再板着脸了。事情终于弄清楚了，老婆之所以生气，是因为自己忘了两个人之前的约定。

如果我们没有找到“生气原因”的“正确答案”，就很难平息对方的愤怒。

与此类似，当我们感到不安或者紧张时，不如再想一想，我们所认为的原因是真正的原因吗？如果确定了原因，但是依然没有消除紧张情绪，我们就会明白，之前所分析的原因其实是错误的，对于缓解紧张情绪毫无作用。

如果我们已经仔细分析了各种原因，但是紧张情绪依然没能缓解，此时，我们需要换个角度思考：或许紧张情绪并非起源于我们自身，而是来自其他人的传染呢？当我们准确定位到引发紧张情绪的本源后，立刻就会感觉到一身轻松，这就说明我们找到的是正确源头。

人的想法各有不同。或许会有人认为，这种方式不过将责任随便推卸给他人而已。其实，事实并非如此，如果我们随意将矛头指向那些根本不紧张的人，觉得是受到他们影响，这种随意的指向并不会令我们的紧张情绪得到缓解。原因很简单，因为这个人并不是真正引发紧张的源头。

只有准确定位到令我们感觉紧张的那个人，我们才会放松下来。所以说，潜意识实在是非常奇妙的存在。

放弃负面念叨有助于减轻焦虑

显意识反复念叨令担心成为现实

当我们和某个人在一起相处，感觉不安或紧张时，我们的显意识就会运作起来，去找原因，例如会想“是不是因为我和他合不来所以感觉紧张”，或者“因为对方觉得我这个人很傲慢所以担心”，等等。对方以为我这个人不好相处。所以我很不安。

于是，这种时候，我们开始交流时，往往就会加上一句开场白，例如“虽然并不是什么大不了的事儿”或者“虽然怎么都行”，等等。在显意识认为“我和这个人合不来”时，其实就是已经做出了判断，“对方的价值观和我不一致”。当这种语感在谈话中表达出来时，我们就会很明显感觉到对方嫌弃的态度，“不是什么大不了的事就闭嘴呀”“反正怎么都行，那你就别啰唆了”等等；而看到对方做出这样的反应时，我们内心就会更加不安，“果然和这个人就是合不来”。

事实上，**这是因为我们的显意识在引导现实向自己所担心的方向发展。这种对话，一开始已经提前预设了这种想法。所以，导致最后结果就是“我和这个人合不来”这一判断得到了强化。**

经常念叨的事情正是焦虑的源头

我们不如尝试一下逆向思维。仔细分析一下我们常用的语言表达，就会发现显意识所导向的现实是什么。

例如，“我想你可能不懂”或者“这也许有点难”等这样的一些语言表达。这些开场白，本质上只会将担心引导成为现实。

这种语言表达本身，就是认为现实中自己不会获得任何人的理解，最后会逐渐被人们所孤立，不安情绪由此不断强化。到最后，现实中自己果然被孤立。

比如，讲话时，我们在开场就会叮嘱一句，“接下来的内容或许有点啰唆”，或者“这个事情可能不太容易讲清楚”。这一类语言表达，其实就是在将自己的担心不断引导成为事实。最后，果不其然导致了“他人的误会与反感”。

但是，如果我们学习借助“潜意识”的力量，就会发现：这一类话语只会让担心成为现实。

如果我们要发挥潜意识的积极作用，方法非常简单。比如，当我们想要集中精力学习时，可以暗暗对自己说“集中注意力”“集中注意力”。与之类似，与他人交流时，不断告诉自己要发挥“潜意识”。此时，潜意识的力量就能够激发出来。当交谈中不再出现类似预判的负面表达，我们就能简明扼要抓住重点，明确向对方表达自己的意思。当潜意识积极发挥作用，我们显意识中的担心和不安就不会成为现实，任何事情都能进展顺利。

然后，你会发现，一切事情都进展顺利。或许，你还会发出感慨：“之前诸事不顺，都不知道什么原因导致的。”此时，我们就能清楚明白一点：发言时常见的负面预判的表达，才是导致担心成为现实的根本原因。

场 景
以下内容，可能有点不好理解。
负面的预判，让我们担心的事变成现实！

3 破解过分在意他人的咒语：“我不知道别人在想什么”

太在乎他人看法只会令现实更复杂

比如，只是感觉到对方的态度有点变化，就担心对方“看不起自己”。如此一来，我们就会变得非常焦虑，会担心对方“看不起我，在鄙视我”，怀疑“是不是大家都排斥我”。越担心越紧张，与人交流时就会出现很多负面情绪的表达。这些多余的话，不仅揭示了我们的担心，而且还会让不安导向成为真正的现实。显意识的主导，会让我们产生错觉，那些害怕遭遇他人轻蔑和排斥等的担心就会成为现实。

于是，我在想，可不可以找到一种简单轻松的方法，避免现实中的这种复杂情况？

我一直不明白，为什么我这么在乎别人的评价呢？我在想，是因为我对自己没信心所以才在乎别人的看法，还是因为我把对方当成镜子，想参照对方来改变自己呢？无论我怎样努力想要让自己自信起来，怎样尽量去避免与他人进行比较，我依然非常在乎别人的看法。

可是，突然某天，一个想法出现在脑海里："或许只是因为我自认为很了解对方，所以才那么在意他们的想法呢。"

如此一分析，结论却很意外：**我甚至都不了解自己，又怎么可能了解他人呢？既然如此，我又何必去在乎他人评价呢？当想通了这一点，我终于不再在乎他人的看法了。**

"其实，过分在乎他人看法与自信心、相互比较之类的完全无关。"

我终于明白，原来自己一直以来努力的方向是错误的。这一事实，对我而言多少也是一种打击。

无法理解他人是人生常态

因为我们自以为了解对方，所以才会去在意对方的想法。只有明白了这一点，我们与人相处时，才能保持心情轻松愉快。

小时候，我是经常挨骂挨揍的。我的父母每次都骂我“没出息”。所以，每次我只要观察到父母的脸色稍微有点不对，脑海中就会有一系列念头涌现出来。我猜想着“绝对是因为我成绩考差了，所以他们很生气”或者“肯定是因为我被朋友欺负，哭着跑回来，他们觉得我没出息”等，揣测着父母的想法。

如今，我再次回想起，当我认定在父母心目中“我是个没出息的孩子”时，为了证明自己没出息，我也经常说一些不该说的话。就这样，一方面不断将自以为是的想法导向现实，另一方面，又自信地认为“自己果然能读懂别人的想法”。

因此，我们猜测他人想法时（其实根本读不懂），就会做出一些有意识的引导，最后让“他人的厌恶”“他人的轻蔑”等猜想成为事实。

但是，如果我们能够明确“我并不知道别人在想什么”，来自显意识的影响就会消失，潜意识就会主动

发挥积极作用。其实，“我们不用刻意表现自己”，我们也无须在众人面前特意扮演某种角色。

正因为这种角色扮演，造成我们遭遇“别人看不起”“别人冷漠无视”等事实，这也正是造成我们太过在意他人看法的真实原因。当我们明白，“我们并不理解他人想法”，潜意识就会发挥积极作用帮助我们，此时的我们，只需要做好自己即可，完全无须刻意扮演某个角色。

当我们不再去在乎他人的眼光，不再刻意扮演某个角色时，认真思考“自己究竟是个什么样的人”这一问题本身，就成了一件愉快的事。

而且，渐渐地，你会发现原来自己的很多闪光点，“个性鲜明”“平易近人”“自由自在”“非常有趣”，等等。

当我们不再介意他人眼光，我们才能发现那个拥有诸多优点的自己。

挑战显意识轻松完成不擅长的事

重新确认自我评价是否过低

正如前一节中所讲，我们其实很难理解他人的想法。当我们领悟到这一点，整个世界在我们眼中就会变得完全不同。

此时，显意识所担心的“没出息”，就无法成为现实，我们会不断肯定自己，觉得“自己非常有能力”。我们与他人对话交流时，也会觉得沟通起来十分顺利。这些都在不断证明我们的自身能力，我们的心情也会因为不断得到肯定，变得更加愉悦。

此外，潜意识还会帮助我们不断发现自身优点。

例如，当工作中有计算任务的时候，当我们害怕“别人指出我的错误”时，就会认定自己不擅长计算的工作。

但是，当我们告诉自己“我们根本不了解他人的想法”的一瞬间，就不会去在意别人，从而能够迅速完成计算的工作。最后，我们会很开心地发现“自己的计算能力居然挺厉害”。

接下来的工作，就是重新检查核对。这个过程也让我们充满期待。当我们在确认的过程中，发现自己居然做到了计算“零失误”时，就会喜欢上这项工作。在此过程中，我们会发现自身优点：自己其实是擅长计算工作的。

克服阅读障碍找到乐趣，快速抓住要点

当我们不断对自己强调“我不知道别人在想什么”时，潜意识就会积极帮助我们找到自身优势，不断挖掘我们的潜能。

有一位男士，他一直认为自己存在阅读障碍。每次他在家里看书时，家里人就会问他：“你真正看懂这本书了吗？”被人这么一问，他就感觉大脑好像突然

短路了，完全回答不上来。于是，他自己也认为“自己根本没看懂书”，因此情绪低落，认定“自己的确存在阅读障碍”。

下面我们就来分析一下这个问题。

当我们关注到对方的想法是“怎么看书都没用”时，我们的显意识就会启动，这种意识自然会引导“完全记不住书中内容”的担心成为事实。

结果，最后现实就会印证对方的判断：“看吧，读了书也没啥用。”

但是，当这位男士借助潜意识的力量，不断告诉自己“我不知道别人在想什么”，阅读时完全不去在意他人的看法，他终于发现“阅读是一件非常愉快的事”。

由于受到显意识主导的影响，我们会不断告诉自己，强调“必须好好读懂书中的内容”，结果造成的事实反而是“书没看懂”。然后，就这样在反复要求自己却又反复读不懂的过程中，我们越发无所适从，最后只能断定自己存在“阅读障碍”，之前所有的努力全都因此白费了。

我们可以通过快速阅读，让阅读本身变成一件开心的事，我们的心情也会因此变得愉快，书的中心思想也能比较轻松地留在脑海里。

潜意识帮助我们发现自己的优点，增强我们的信心。而且，还可以改善人际关系，为生活带来更多乐趣。

潜意识帮助我们建立自信，这实在是一件非常棒的事。

5 通过模仿崇拜的偶像提高自我认同

用“相信一切皆有可能”去激发潜意识

读到这里，可能会有读者认为“自信心很难建立”。有这种想法的人，大多很武断地认定“自己能力只有这个水平”，不会有任何改变。

他们认为“自己能力只有这个水平”，而且这种武断的判断不断强化显意识的影响，所以最终造成的事实就是“现在和过去相比完全没有任何变化”。

当显意识占据主导地位，就会故意让他们经历失败，让他们看清现实，并确认“看吧，果然什么都没有改变”，让他们认为“都经历了这么多失败，又怎么可能有自信呢”。

这里，我们介绍一个很简单的激发潜意识发挥积极作用的技巧，就是去**模仿那些值得尊敬的人的言谈举止**。至于模仿的对象，完全没有任何限制。

比如说，可以模仿一下那些优秀的棒球击球手。他们每天都在吃咖喱，我们也可以尝试一下，这也是一种不错的模仿。

问题的重点是：“当我们模仿他人时，会发生什么，这件事是未知的。”因为是模仿他人，会出现什么变化，谁也不知道。正是这种“未知的可能”，让我们的潜意识发挥作用。“吃了咖喱之后，走起路来和那名击球手一样，昂首挺胸信心满满”，或者“开始工作之前，通过转转手腕，做做平板支撑，形成了一套固定的工作流程”，模仿他人会给我们展示许多有趣的变化。

认定我们“一成不变”的显意识，在“模仿行为”的作用下，慢慢失去功能，我们通过借助潜意识的力量，“不断改变现实”。

通过模仿自己崇拜的人，期待潜意识带来的未知可能，潜意识也因此更加活跃。如此一来，我们的行为开始不断接近“理想的偶像”，然后，渐渐地，我们开始学会了认同自己、肯定自己。

通过模仿偶像打造更理想的自我

有一位女性朋友，一直有一个烦恼。她总是感觉周围的人在疏远自己，觉得自己很不受欢迎。

她坐电车的时候，刚一入座，旁边的人就慌慌张张站起来走开了。

她去参加相亲聚会时，没有任何人愿意主动接近她。

于是，我建议她，尝试一下模仿尊敬的偶像，说不定潜意识能够帮得上忙。听了我的建议之后，她决定模仿她喜欢的一位模特，于是，她开始尝试穿与模特同品牌的衣服。

很快，当我第二次再见到她，她整个人感觉焕然一新，和之前完全不同了。

首先，她的化妆风格变了，变得更加可爱了。

她告诉我，因为之前她总是脸上涂满厚厚的防晒霜，整个脸看起来特别白，大家觉得看着很难受，所以才不愿意靠近她。她还有点生气，埋怨我为什么不一开始就直接提醒她这个问题。

她开始模仿自己喜欢的模特，尝试穿着与模特同品牌的服装。最后到底会发生什么变化，谁也不知道，“一切皆有可能”。在期待潜意识可能带来变化的过程中，她的妆容变得更加自然，言行举止也变得和那位模特一样优雅有气质。她告诉我，开始有男性主动接近她了。不过，她说，以前她坐电车时座位会比较宽敞，这一点她还是挺怀念的。她这么一说，我们两个人都不由得开怀大笑。仔细想想，以前她显意识的担心所造成的事实，就是脸故意涂得特别白，让人敬而远之。通过这样的模仿，她深刻感受到“改变意识，一切都变得不同”。

模仿自己尊敬的人时，只需要模仿一件事，并且持续模仿，就可以让显意识强调的“无法改变的现状”发生明显变化。

当我们开始期待“模仿可能带来的改变”时，潜意识就会成为我们的助力。不知不觉中，我们开始像偶像一样思考、行动。然后，我们就会越来越接近自己的理想状态。到底我们是通过模仿憧憬的偶像获得自我认同的呢，还是自己不再受到显意识影响而自卑，在潜意识帮助下恢复了真实的自我之后，然后才喜欢上自己的呢？我们未必知道确切的答案，但是通过模仿偶像建立自信、肯定自己，的确是真切的事实。

不再纠结于对错，顿感身心轻松

一味纠结于对错只会徒增烦恼

当我们判断一件事的对错时，往往是显意识在起主导作用。这一点我们已经在第1章进行了说明，可以参照第1章的内容。

当显意识主导大脑时，我们就会不安，担心自己虽然是对的可是却没人理解。当我们越纠结于事情的对与错时，就越容易招致周围人的抵触。这种不安，其实往往提前设定了一个前提，“我这么说也是没有办法的”，“可能没人能够理解我的意思”，等等。当对方听到这句话时，自然就会觉得火大：既然你都这么确定，那随便你说什么，反正我们都拒不接受好了。结果，现实就会证明自己之前预设的结论，“果不其然，说正确的事实，大家就都不爱听”。

类似这样，当我们思考问题时，总是用“对或错”这一标准衡量，显意识会促使我们的不安和担心变成真正的现实。人际关系也就会因此更加糟糕。甚至，有时候会让我们觉得，还不如“干脆放弃好了”。

此时，我们可以借助潜意识，发挥其积极作用。

因为，“对或错”的判断，往往是由显意识所决定；但是，“开心或不开心”的判断，则完全是潜意识在主导的。

的确，单纯只论“对或错”的标准，是全世界共有的价值标准之一。但是，“开心或不开心”，则关注于人的主观感受，没有任何固定标准。当我们不再受显意识的控制，而是能让潜意识发挥积极作用，我们就能活得更加轻松自在。

通过“开心与否”的感受做判断缓解压力

接下来，我给大家分享一位女士的故事。

这名女士，在工作时总是习惯性地明确区分出

"对或错"。每次看到那些工作能力不如自己的人获得晋升，她就觉得很不公平，认为他们都是在偷奸耍滑。

而且，公司里总是将一些比较复杂的工作安排给她。然而，即便她兢兢业业工作、努力加班，也没能得到任何肯定的回报。每当这个时候，她就会考虑"要不要辞职"的问题。明明自己总是在为公司考虑，明明自己做的事情都是对的，为什么就是得不到肯定呢?

于是，她把原因归咎于同事，认为他们是在偷奸耍滑，因此自己心里总是愤愤不平。

我建议她转变思维，判断工作时不再去纠结于"对或错"，而是更多去关注自己"开心或不开心"。很快，她的想法发生改变，她发现"认真努力工作时就不开心"，但是"工作分派给下属完成就会很开心"。

一直以来，她总认为把工作布置给部下完成是不对的。因此，很多工作上的事情，她全部都自己一手包揽，事事都亲力亲为，结果自己老是加班，疲惫不堪。

然而，当她将工作任务布置给下属完成时，就感觉工作压力大大减轻，并且开始感受到工作的乐趣。

后来，我再遇到她，得知她已经升职。转变思维的效果，出乎意料地好。

之前，她工作认真且辛苦，却一直得不到认同。但是，当她装作很努力工作的时候，却意外获得上级的肯定。这种方式要是放在以前，她肯定会认为：“纯粹是耍小聪明偷懒，明明根本什么事都没有做！”

但是，现在，**当她只在乎工作开心与否时，感觉全世界的事情都变得很顺利了。**

充分发挥潜意识让生活更愉悦

充满魅力的人大多呈现的是潜意识主导下的状态

当思维由显意识所主导时，那些我们所担心的问题，就会变成现实。但是，一旦我们打开“开心”这一潜意识的开关，事情就会向我们意想不到的有趣的方向发展。这种潜意识，还会教给我们更多寻找乐趣的方法。

之所以这么说，是因为或许我们尝试一种取巧的方法。我们不仅可以激发自身潜意识，还可以尝试掌握理解他人的潜意识。

比如，你的周围是否有一种人，他们总是充满魅力、备受关注。这类人在通常情况下，很有可能呈现的是他们在潜意识主导下的状态。我们尝试借用一下他们潜意识如何？应用方法如下：首先，我们先分析对方的想法。到底这个人在想什么？然后，在大脑中去模仿对方的言行举止。在前文中，我们曾提到，我们可以尝试模仿自己的偶像，那里的模仿指的是实际行动的模仿。此处的模仿，则是仅限于大脑想象中的模仿。这种方式，能够帮助我们得到对方潜意识的助力。

人的一举一动，几乎很少是由显意识控制的。通常，人们的肢体动作，大多都是在潜意识状态下的自然呈现。所以，肢体动作正是我们了解对方潜意识的关键入口。

有一次，我去参加一场音乐会。一名吉他手的表演深深吸引了我。于是，我就尝试在脑海中模仿这位吉他手的动作。结果，我感受到了这位吉他手潜意识的愉快心情，这种感受令我觉得“比单纯地听歌曲要开心得多”。

而且，在我一边享受这种快乐，一边在脑海中持续模仿这位吉他手的过程中，我又得到了新的收获。我联想到，下次公司会议发言，或许我可以尝试这种方法，像这位吉他手一样，将打动听众的方法在潜意识中传递出来；我甚至希望自己能尽快在公司按照我脑海中想象的场景进行发言。

当我在公司会议上真的按照我想象中的方式发言后，效果出乎意料。同事们都十分惊讶，非常好奇在我身上到底发生了什么，因为他们感觉我“完全像变了一个人一样”。

就在这个瞬间，我通过借助他人的潜意识，掌握了一项全新的技能。

在大脑中模仿感知对方潜意识的力量

有一位女士，她在观看芭蕾舞表演的时候，突然想试试这个方法。她想确认一下，只是在大脑里的模仿想象，是否能够感知到芭蕾舞者潜意识的力量。

当芭蕾舞演员开始舞动后，她的脑海中就想象着自己正在做和这位芭蕾舞演员一样的舞蹈动作。

手、头……她在大脑里尽情地想象着自己正在模仿这位舞者的每一个动作。在这种持续想象的过程中，她有了自信，觉得那些舞蹈动作自己或许也是能做到的。

一直以来，她都视对方为自己心目中“崇拜的偶像”。当她尝试了在脑海中模仿想象，感知到对方潜意识的力量之后，她感觉自己也能做到和偶像一样，活得精致美丽。这位女士通过模仿芭蕾舞演员的动作，感受到舞者潜意识的力量。她觉得自己变得更自信了。当芭蕾表演结束，她甚至觉得自己走路回家的仪态，好像都发生了变化。

这时，她意识到，仅仅是仪态一项，就足以改变自己在他人心中的形象。

到底是因为自己挺直腰背后，人变得自信了，还是因为感知到这位芭蕾舞者的潜意识力量，变得自信了，所以腰背挺得笔直的，具体原因实在很难解释清楚。

但是，只是脑海中的模仿想象，就能够感知对方的潜意识，令人的内心产生巨大变化。虽然自己平时不会做芭蕾舞者的那些舞蹈动作，但是在脑海里想象却是能够做到的。通过观察，我们可以在大脑想象中进行全方位的模仿。

通过大脑想象进行模仿，感知到对方潜意识的力量，我们的思维就会发生变化，“我们可以选择与之前完全不同的活法”。这种变化，实在是非常有趣。

微笑面对带来负面情绪的人

选择恰当的回应改变对方的态度

如果对方是自己喜欢的吉他手或芭蕾舞者，我们当然会觉得，能够感知到他们潜意识的力量，是一件非常值得期待的事。但是，如果遇到态度恶劣的人，我们自然希望能离多远就离多远，同时，我们也希望能够想出办法面对这类人。

事实上，我周围也有这样的人。我们原本心情非常愉快，这些人一来，就净说些令人不悦的话，做些破坏氛围的事，让原本的快乐好心情顿时就荡然无存了。面对这类带来负能量的人，有没有什么行之有效的办法呢？

我突然想起大学时的一位教授，教授名字叫诺尔曼。这位教授上课时，很喜欢在教室里来回走动，不停地从教室的一边移动到另一边。我们这些学生就总是关注着老师走来走去，听课时实在很难集中注意力。

后来，在与心理学班上同学交流后，我们终于想到了一个应对的方法。当诺尔曼教授站在教室里的时候，只要他站在教室左边，我们所有同学就全都抬起头来，大家都一脸认真听课的样子，一边听讲，一边频频点头，表示赞同。但是，当这位教授开始在教室走来走去，大家就全部埋下头，视线就一直盯着地面，并且像没听到这位教授讲课一样，不做任何反应。在持续使用这种方式一段时间后，效果非常明显：这位教授上课时，一般就会选择固定站在教室的左边，而且基本不会再满教室里走来走去；此外，他还会在黑板上标出课程内容的要点。大家成功地解决了这个问题，都非常开心。

遇到那些破坏我们心情的人，也可以采取同样的策略。

如果对方说一些令人不悦的话，我们尽可能不要表露任何情绪。但是，如果对方的态度稍微表现得温和点，或者说一些比较正能量的内容时，我们就要尽可能露出笑容，而且笑容要夸张一点，以表示对他们十二分的认同。

如此一来，我们就会发现，那个让人讨厌的人，他们的交流方式就会变得完全不一样。

那些之前大家都认定绝对会破坏气氛的人，却突然不再那么令人反感了。这种变化，实在是令人意想不到。

只在感觉开心时做出明确反应

听说了这个案例，有一位妻子也想试试看。虽然她有点怀疑，但还是决定试试，“说不定自己的老公也会有所改变”。

这位女士的老公说话总是很难听，总是轻易就让人生气。吃饭的时候，她老公就习惯各种抱怨，“还是之前那个菜好吃”“怎么老是乱花钱”“尽是浪费食材”，等等。

即便妻子开开心心出门逛街，但是情绪也总是受到丈夫影响，实在是令人忍无可忍。

于是，这位妻子尝试了这一策略。当她听到丈夫抱怨或指责等难听的话时，她就表现得面无表情，左耳进右耳出，就当没有听到一样。她丈夫发现她的这种反应，就有点生气，质问她“到底有没有在听我讲话”时，她也不会回答，而是立刻从丈夫身边走开。

最开始，妻子十分生气，认定自己的丈夫“就是喜欢挑剔抱怨，根本就说不出什么好话”。但是，没想到她这样做了一段时间后，有一次吃饭，丈夫就难得地肯定“这个菜很好吃”，效果出乎意料。

因为一直以来总是听到丈夫的各种抱怨指责，这位妻子都差点忘记该怎么以笑容面对了。当她突然想起来该怎么做时，立刻露出了非常夸张的笑容，肯定了老公的赞美。这样一来，这位喜欢挑剔指责的丈夫，又开始夸妻子“最近变漂亮了呀”。这一次，妻子自然又是喜笑颜开。又这样持续了一段时间后，不知不觉地，丈夫变得特别擅长夸奖和赞美，并且开始主动帮助妻子分担家务了。

这个方法的核心，其实就是只对“开心与否”做出明确反应。**遇到“不开心”的事，显意识就会占据主导，会让内心的不安变成现实。但是，当我们只对“开心”的事做出明确反应时，潜意识就能帮助我们，让事情变得与之前完全不同。**

推荐他人时尽量多赞美与肯定

太多顾虑只会令人不安

那些说话难听的上司或家人，其实他们本来的想法是：“我是为了你好，所以说话才不好听的。”是的，事实上，他们的想法，与本章第1节所介绍的，不停地给孩子喂水的母亲，总是害怕老公酒精成瘾的妻子，全部都是出于同样的心理。

“如果我不好好鞭策，孩子将来可能会没出息。”“我不好好提醒的话，你以后在社会上就无法真正立足。”类似这样的担心与不安，会让对方的显意识变得更加活跃，令对方产生新的不安，让他认为“自己是个没用的人”。到最后，这些担心就变成了现实。

如此想来，**如果我们向别人推荐他人时，总是担心自己所介绍的人不一定靠谱，这种顾虑，很有可能导致我们说一些不该说的话。**

比如，因为太过担心结果，所以推荐某个人给别人时，还会特别提醒一句，“这个人就是有点严厉，千万别太放在心上”，或者“这个人脾气有点不好，不要见怪啊”等等。这些话相当于推荐之前就给对方列出了一份注意事项。然后，如果事情进展不佳，我们就会得出“果不其然”的结论。其实，最后不理想的结局，或许就是我们自己造成的吧。

以前，我向别人推荐医院的医生时，总是会多叮嘱一句：“这个医生可能会有点严厉，不过他是个好医生。”然而，事后对方却十分不满意，质疑我“为什么要推荐那样的医生”。有好几次，我就这样把事情给搞砸了。

如果我们不能够直接传递正确信息，就有可能造成对方显意识的担心过度活跃。最后，他们担心的问题就会成为真正的现实。

后来，我突然意识到这个问题。既然是因为我们的语言激发了对方显意识的不安，破坏了人际关系，那么反过来，如果说话时尽可能地激发对方的潜意识，是不是就能够改善人际关系呢？于是，接下来，我向别人推荐医生时，就尝试这样介绍：这是一位非常优秀的医生。没有具体赞美，只是很模糊概括性的赞美，这样对方显意识的不安似乎就没有启动。为什么呢？因为没有具体的事例，显意识就不会因为觉得“你在说谎”而产生怀疑。

而且，实际上，当我们为客户推荐医生时，只需要告诉对方：“这是一位非常优秀的医生，总是很热心，会设身处地为患者考虑，完全不用担心。”结果，对方也非常满意，十分感谢我的推荐。

这时候，我就感觉有点好奇，真的是这样吗？于是，我就向他了解了一下当时医生看病时的具体情况。对方告诉我，我推荐的那位医生非常热心，检查十分仔细，令人感动。通过他们的描述，我了解到以前我不曾了解的情况，这位医生十分热心和耐心。我很庆幸自己推荐了这位优秀的医生。当潜意识积极发挥作用时，事情的进展总是出乎意料地顺利。潜意识的积极作用，引导世界向更开心愉快的方向发展。这的确是非常有意思的现象。

第4章

潜意识
让痛苦的工作
变愉快

1 潜意识能最大限度激发工作最佳状态

显意识为保持意识平衡往往将事情导向最坏结局

当显意识开始主导时，我们就会想要努力保持意识的平衡，这样事情就会向最坏的方向发展。大家可能都有这样的感受：“无论怎么努力，我的付出都无法得到肯定。”“明明自己工作比其他人都更认真，更拼命努力，可是为什么工作能力不如自己的人都得到了肯定，而我却没有呢？”估计很多人有类似的烦恼。

此外，在职场中，人们往往会担心：“自己的工作就这样原地踏步行不行啊？”其实，这种担心，就是认为“自己现在所做的事不适应社会发展”，或者“只关注眼前利益，完全没有考虑客户需求”。

类似这样，当显意识占据意识主导，判断一件事的“错或对”时，往往会让我们担心的问题变为现实。最后，自然就是陷入“完全无法获得认同”或“自身难保”的状态。

此时，我们会发现，借助了潜意识的力量之后，事情的进展方向会与显意识所引导的方向完全相反。

比如说，当工作中显意识占据主导时，我们会不知不觉地和别人进行比较，认为“自己的能力就只有这个水平”。

当我们和工作能力比自己优秀的人进行比较时，很容易产生自我厌弃。因为觉得“反正自己根本达不到”。虽然内心想要努力超越对方，但是却会因此出现健康问题，工作出现重大失误，结果只能认输，觉得“自己的确技不如人”。

然而，事实上，与他人进行比较后，认为“自己技不如人”，其实是我们的“显意识”所引导的认知方向。

虽然觉得“自己在某方面能力出色”，但是由于显意识想要努力维持思维的平衡，人们就又会觉得自己“某方面存在不足”。于是，在显意识主导下担心的问

题往往会成为现实，而自己也会认为，这似乎才是自己真正的实力。

学会在不擅长的工作中发现乐趣

当我们工作中学会借助潜意识的力量，会令事情的发展完全不一样。

我们通过比较分出“优劣”，相当于判断一件事情的“对错”，此时的显意识表现十分活跃。此时，我们不能通过显意识，而是要通过“开心与否”的感受，去激发潜意识发挥积极作用。

以前，我在工作中，总是一边想着“想办法弥补自己工作能力的不足”，一边却在遇到自己不擅长的工作时，畏首畏尾，拖拖拉拉，搞到最后只能加班加点，弄得自己筋疲力尽。于是，为了激发“潜意识的力量”，我决定只做工作中自己感觉开心的事。比如说，我觉得收集资料很开心，那我就只收集资料。

当然，此时显意识一定会来提醒我们，工作不可以偷懒。但是，一旦你下决心“只做开心的事”，灵感就会源源不断地涌现出来。

这时，我们的显意识又开始担心，“马上要到截止日期了，工作可能不能按时完工”。但是，如果我们专注做开心的事情，手头收集的资料可能有助于推动工作的进展，我们在工作时就会感觉轻松愉快。之前在工作中，我总是感觉束手束脚，一点也放不开；但是，现在工作效率明显提高很多。

当工作完成之后，回头复盘，发现那些搜集时感觉麻烦的资料在工作中发挥了重大作用。于是，我搜集资料的工作效率也进一步提高，人也因此更加自信了。

愉快的工作氛围有助提高团队协作能力

有一位职场人士，一直都很苦恼，不知道如何提高工作业绩。每次他总是特别在意客户的想法，总是担心“如果让客户蒙受损失的话，可能就签不了约”。结果，每次都眼睁睁看着谈判渐入佳境，可是到了最后，都不能成功签约。类似情况发生过多次。

后来，我向他了解了一下具体情况。他告诉我，每当工作进展到一半，他就会产生自我怀疑，觉得自己“是不是做得不对”。于是，我就向他建议，你就只考虑感觉“开心与否”，尝试借助潜意识的力量。结果，没想到这种方法，对他而言效果十分显著。受到启发后，他对自己的工作进行了分工："与客人交流很开心，自己负责出马"，但是"签约环节感觉不开心，签约时就请同事代劳"。

于是，他委托办理签约的同事以最理想的价格成功签约，工作进展顺利。这位职场人士的业绩很快得到了提高。

有趣的是，另外一次则是这位同事向他求助。这位同事特别不擅长和客户交流，沟通的环节就想请他帮忙。于是，他负责和客人沟通，过程开心愉快。同样，这位同事的业绩也因此获得提升。就这样，整个团队的业绩都得到了明显提高，真的是非常有趣。

以前，虽然我们一直想着克服自身能力不足，可是并没有做到，而且整个团队效率也未能提高，整个团队缺乏活力。但是，当我们学会借助潜意识力量时，整个团队面貌焕然一新。大家都非常开心愉快，团队气氛融洽，业绩不断提升。

工作中感受到的"乐趣"，让潜意识成为我们的助力，不仅改变了每个个体，还改变了整个团队。

2 重要发言前夜保持充分睡眠

潜意识在睡眠状态时协助处理信息

不知道大家有没有这样的感受：当我们迷迷糊糊刚醒的瞬间，脑海中会有很多不同的场景涌现出来，一幕一幕，就像电影镜头一样，快速一闪而过。

我就曾经有过这样的体验。有时候，与同事们一起的商务谈判，工作安排的日程表，朋友们的笑脸，和某个人的对话，等等，这些场景就好像走马灯一样，快速地在脑海中闪现。我很好奇，为什么大脑能够在这么短时间内处理这么多的记忆？

当然，等到我们完全清醒过来，似乎又会恢复原状，大脑“依然只能思考一个问题”。我们会发现，上文中提到的刚起床时大脑的状态，其实和完全清醒时有一点不同，能够“快速地处理大量信息”。

安心睡个好觉借助潜意识的力量吧！

例如，我们准备演讲发言材料，往往会担心发言材料准备不充分。此时，我们不要害怕，我们尝试告诉自己：“入睡时借助潜意识力量，肯定一切顺利。”于是，这么想着入睡，睡醒了之后，你会惊喜地发现昨天的不安情绪一扫而空。

这是因为潜意识在睡眠状态时启动了，协助演讲资料进行了信息整合。

当我们大脑完全清醒时，显意识能处理的数据往往是有限的。但是，在我们睡觉休息的时候，潜意识却能协助处理大量信息。此时，最重要的是，我们要相信潜意识一定会发挥作用。如果我们心存怀疑，潜意识自然也不会起作用。

事情难度越高越需要借助潜意识

接下来，我们分享一位女士的故事。在她准备论文发言的头一天晚上，办公室主任指出各种问题，“这里也不行”，“那里也不对”，总之各种问题。接下来重新修改再练习明显也不现实，因为只是修改本身也需要花费相当多的时间。当时，她也在犹豫，要不要干脆熬夜修改，然后争取多练习一下。

但是，思前想后，最终她做了一个大胆的决定：“干脆一切交给潜意识！”她觉得准备的材料已经非常充分，只要有这些信息，潜意识就可以协助处理问题。于是，她索性就直接去休息了。

第二天，当她起床后，重新浏览论文发言稿时，感觉自己大脑思路非常清晰，甚至脑海中还浮现出自己在讲台上充满自信侃侃而谈的样子。

她当时真实的想法是什么呢？其实，她的想法就是“失败也无所谓”。在她进入睡眠状态时，交给潜意识帮助整理信息。最后，效果非常好，发言非常成功，甚至之前有诸多挑剔的办公室主任也对她的发言极为肯定。她成功地完成了她的最佳发言。

后来，办公室主任还对她一番嘉奖，主动关心地问她：“当时那么努力练习，应该很辛苦吧？”她则是笑着回答：“是的，的确做了大量练习。”事实的确如此，因为在她的潜意识中、在她的梦中，她的确进行了反复多次模拟练习。

睡眠时潜意识传授我们发言的技巧

另外，还有一位男性的故事。他非常苦恼，自己每次的会议发言都表现不佳。不管公司里事先准备好的资料如何充分，一轮到他正式发言，他就感觉大脑一片空白，什么也想不起来。结果，好不容易请大家搜集到的资料全都没派上用场，类似情况发生过很多次。

虽然他每次都以“自己不擅长发言”而拒绝发言，但是有时有的问题其他人都不会，所以他没有办法，只能硬着头皮上场。但是，即便他提前进行多次练习，可一到正式上场依然会出问题。于是，他决定试试看，干脆交给潜意识，自己就睡觉休息好了。他说当时的心情，就好像下决心“从清水舞台跳下去”[①]一样，豁出去了，“干脆一切交给潜意识”。然后，他就把准备好的发言材料放在枕头边儿，安安心心休息了。结果，不可思议的事情发生了。以前在这时候，他基本上会失眠，但是，这一次他居然睡得非常好。早上醒来后，他又翻了翻枕头边放着的资料，内心居然产生一种很奇妙的感觉，他觉得这次发言绝对成功。终于，等到正式发言的环节。要是在平时，一到正式发言，他就会紧张心跳加速；但是，不知道为什么，那一天他在会议上的发言非常精彩。而且，平时总是懒懒散散，根本不听会议发言的听众们，居然在聚精会神地听，甚至还有人在记笔记。这令他感到非常意外。当他的发言结束，大家给予了他热烈的掌声。他深刻领会到

① 日本的一句成语。比喻下定很大决心。清水舞台位于日本京都清水寺内，为清水寺主堂，依山建成，由百余根立柱支撑，宛如一个大舞台，故称。——编者注

一点，发言时必须有坚定的自信，没有这种信心是不行的。事后，他十分感慨：“潜意识的力量实在是太厉害了！”

他之所以成功，是因为在睡眠状态时，潜意识已经将发言的要点，提前输入到了他的大脑。

下定决心明确目标就会毫无压力

无须时刻回应周围人的期待

当人感觉不安时，往往会联想到各种可能出现的问题。例如，担心“会不会发生那种情况”“会不会也有这种可能”“别人会不会是这种反应呢”等等。于是，我们就觉得“总得提前想点什么对策”来解决问题。

但是，我们越担心，越想要准备好对策，就会越多联想到更多“其他可能出现的问题”。于是，到了最后，很有可能就会感觉到“一旦这样做，可能就会没完没了”。

古语有云："尽人事，听天命。"我们做准备工作时，到底需要做到什么程度才算充分呢？这一点，其实我们自己也并不知道。

实际上，受显意识的影响，感觉到焦虑时，最后我们担心的问题往往变成现实。如果我们想要给所有可能的风险都找到对策，事情就只会没完没了。那么，我们该怎么办？此时，我们需要借助潜意识的力量。但是，这种情况之下，我们如何才能屏蔽显意识的影响，充分发挥潜意识的力量呢？实际上，此时要屏蔽来自显意识的影响，方法很简单，只需要做到"**不去回应周围人的期待**"就行。

当我们觉察到"周围人的期待"时，显意识就会主导我们的思维。我们的工作越出色、越成功，周围人对我们的期待值就越高，最后这种期待成为压力，就会让我们感觉到不开心。

所以，此时此刻，**我们可以这样告诉自己："我们根本不了解他人。"这样一来，我们就可以很快关闭显意识的开关，然后让潜意识发挥作用，最后不费吹灰之力，我们就能惊喜地获得最佳效果。**

其实，"我们根本不了解他人"，这一结论可能会令人觉得有些许失望。但是，这样想于我们自身有益，我们就无须顾虑太多，可以安心入眠，可以将很多事情交给潜意识来协助处理。

此外，当我们不断强调“我们根本不了解他人”时，就会获得潜意识的力量。那么，之前因为担心各种问题而反复模拟多次的不安情绪，也会一扫而空。于是，我们终于明白：“其实也用不着太拼。”

就这样，本人或许并没有特别刻苦努力，但是周围人却觉得你很厉害，认为你付出很多，很辛苦，因此对你倍加肯定。但是，只有你自己知道，你其实并没有那么辛苦。

自始至终我们都难以读懂他人

有一名职业女性，她每次准备工作资料时，总是想要做一份让客户足够满意的资料，结果搞得自己经常加班，甚至有时候还不得不把工作带回家继续做。

但是，当她把完成的资料提交给客户时，客户却并不满意，她就有点生气。她觉得，明明自己费尽心思为客户考虑，想做到最好，花了很多心血才制作好的资料，最后居然还得不到肯定，实在无法理解。这种情况，据说也发生过多次。

她不明白 “到底哪里做得不好”，于是，她去咨询上司的意见。结果上司就指出她资料的各种问题，这里不行，那里不对。但是，她又想不通“明明我这么认真努力，怎么会是这样的结果”，这种情况在工作中反反复复出现。渐渐地，她失去了工作的热情。

后来，她决定试试看，索性将有些事情交给潜意识。她不断告诉自己“我们难以读懂别人的想法”，最后，她终于意识到，所谓“客户追求完美” “上司要求我提高业绩”等种种想法都只是她自身的想法，而这些想法才是她压力的真正来源。

后来，她发现资料没必要从零开始，完全可以在已有资料的基础上修改精进。于是，她迅速做好了资料，然后按时下班回家休息了。

然后，终于到了见客户的日子。她也不再像以前那样，对客户抱着热切的期待，而是很平静地给客户做了一个讲解说明。结果，没想到客户这次十分满意，直接拍板定下了她的方案。当然，她的工作自然就是配合客户的决定。但是，其实她不明白为什么会这样。只是，她深刻体会到，“我们难以读懂他人的想法”，这一点的确是事实。

4 起床首先确认日程表快速提高效率

潜意识协助我们整理一天的信息

估计大部分人会以为，早上一起床就考虑工作，这件事很难做到。事实上，这是因为在大部分人心目中，认为“工作是一种负担” “工作是不开心的事”，所以一提起工作，就心情沉重，紧张焦虑。

早上一起来，之所以不想考虑工作的事，是因为一想到工作，显意识就被会激活。显意识提示我们，“接下来的一天，就是被动不开心的一天”。换言之，接下来，我们全天都会在处于这种显意识的控制之下。

那么，我们可以尝试一下，屏蔽显意识，借助潜意识的力量。

如此一来，我们就会感觉到“工作是件快乐的事”，工作效率也会大大提高。

此时，屏蔽显意识的有效方法就是：**早上一起床，首先确认当天的工作日程**。

本章的第 2 节曾谈到，人在进入睡眠状态后，潜意识非常活跃。人在半梦半醒状态时也是如此，此时的潜意识依然活跃。这种情况下，即使是发发呆，什么也没想，就只是浏览一下日程表，潜意识也能协助大脑快速整理出全天的行程。

上一节那位女士的尝试，基本上就是类似以下程序。

早上一睁开眼睛，首先确认日程表。仅此一项操作，就让我们对工作充满期待，到了办公室就会心无旁骛，直接开始着手工作。

以前这个时候，我们可能会非常关注同事的看法，很难集中精力，此时却可以专心工作。

而且，我们在与客户协商沟通的过程中，也不会偏离主题，能够简明扼要抓住重点。

因为工作时感觉游刃有余，所以即便突然有其他客人到来，也能够表现得十分淡定冷静，能够妥善应对。如此一来，我们就不会太过在乎对方的想法，能够短时间内结束协商讨论。然后，迅速进入下一步工作流程。

很快，不知不觉就到了下班时间，我们可以按时下班回家。

有了这样的体验之后，我们就开始期待好好睡觉休息。并不是因为感觉累要休息，而是期待在睡眠状态下，借助潜意识的力量帮助处理工作。然后，我们每天就可以像孩子一样，充满着期待，等待着新一天的开始。

只是发发呆看看日程表，效果也很明显

有一位职业女性，她说自己早上怎么都起不来。如果不喝上一杯咖啡，她就感觉大脑无法思考，更不用说去想工作的事情了。但是，事实上，即使喝了咖啡，她也依然觉得没有什么精神。

她平时的工作模式就是下面这种状态。

每天一到办公室，首先就参加她非常不喜欢的例行早会。在她进入工作状态之前，一上午时间就

过去了。到了中午，她也不知道午饭吃什么，犹豫之间午饭的时间又过去了，最后匆匆忙忙选择和平时一样的食物解决了午餐。吃完午饭后，她又感觉有点犯困，大脑迷迷糊糊。然后，有客户来电话了，她很不情愿地接电话。接完电话之后，心情变得更糟糕了。

就这样，她一直熬到下班时间，很快到了傍晚时分。此时，她开始着急了，工作没有任何一点进展，于是慌慌张张开始工作。但因时间不够，工作无法完成，于是她只能被迫加班。这样的日子，再这样下去是不行的，于是她决定做出改变，她决定尝试一下借助潜意识的力量。

早上起来，她做的第一件事就是确认当天的工作日程。

最开始，她抱怨着“早上刚起床，大脑又没有开始运作”，然后自我安慰“只是发发呆也没关系”。虽然很不情愿，但是依然按照这个方法照做了。

早晨醒来，第一件事就是确认日程表。虽然什么也没想，就只是迷迷糊糊看一眼，她却意外发现，此时的大脑思路居然非常清晰。

很快，等到大脑完全清醒，三下两下迅速起床，化妆也很快就搞定了。甚至还吃了平时很少能吃上的早饭。随后在去公司的路上，她抽空浏览一下新闻报道，迅速地扫了一遍，大概了解了大致内容。因为她非常专心，所以注意力全部集中到了新闻报道的内容上。

这就是她的真实感受。

等她到了办公室，事情变得更有趣了。以前她一直都觉得“需要花费相当多时间完成的工作”，没想到很快全部搞定了。然后，到了午饭时间，她还和同事们一起吃了午饭，点餐时也很迅速果断，完全没有因为犹豫而浪费时间。

吃完午饭后，她开始着手处理其他工作，那些原本她觉得很花时间、很麻烦的工作，一个接着一个，快速有序地得到解决。最后，她发现“工作已经全部完成”。此时，再看一下时间，居然已经到了下班时间，时间过得真快。她觉得潜意识的力量实在是很不可思议，她完全没想到，只是早上在还是迷糊状态下确认下日程表，工作状态就能发生如此巨大的变化。

一名女性的一天（工作日篇）
刚一起床，打开手机，确认当天日程
专心！
在电车上，看一看新闻报道
工作进展顺利
辛苦啦！
准时下班

5 获取灵感的最佳方式是执行单一操作

一心一意关注信息本身

大家有没有这样的感受：当我们努力寻找灵感时，偏偏就是想不出来，只会干着急，紧张不安。

很多时候，当我努力想要写出多种题材丰富的文章时，我总是对自己强调："必须要找到灵感！必须要找到灵感！"然而，时间一秒一秒，就在这种想法中慢慢流逝，可是灵感却依然一个影子都没有找到。

其实，当我们在对自己强调"必须要快""必须找到好的灵感"时，显意识就会十分活跃。于是，"可能没有什么好灵感”“估计找不到好方案”等的担心，会在显意识引导下成为现实。此时，我们可以借助潜意识的方法做出改变。

此时的潜意识，就类似我们平时做饭时所用到的锅碗瓢盆等工具。

我们只需要将食材准备好，全都切细备好，再放在各式各样的厨具里，盖上盖子加热，然后，慢慢等待，我们就会闻到饭菜飘来的香味，一份美味的饭菜马上就要大功告成了。

我的实际操作方法如下：

想要找寻写作灵感时，一般情况下我会先收集素材。搜集所有可能有帮助的素材，搜集完毕，最后一步“交给潜意识”，自己不去刻意思考，只是随手翻翻，简单浏览一下搜集的资料。

只是这样做，在重复多次浏览资料过程中，潜意识快速将我所收集的信息进行了梳理整合。于是，大量的灵感就源源不断地在脑海中涌现。

只浏览数据或资料的可行性

有一位女员工，总是想要为客户提供好的方案，拼命努力寻找灵感，但是花了很长时间，都没能想出好方案，所以一直非常苦恼。

她去找上司商量，结果出的方案与之前类似，大同小异，完全没有新意。最后她提供给客户的方案，依然和旧方案类似，客户自然也很不满意。

就这样原封不动，继续给客户提供之前的旧方案，肯定是行不通的，总得想想别的办法。可是她越是急切，大脑越是一片空白。

这时候，她决定借助潜意识的力量。

或许只是看一看以前的资料，或者只是浏览一下数据也可以……

于是，她一边想着借助潜意识的力量，一边随手翻看资料。此时的她，大脑是放空状态，什么都没有想，只是不停地像放幻灯片一样，反复翻阅着资料。

翻着翻着，她感觉大脑似乎开始活跃起来。其实，当时她没有刻意去想什么，在翻阅资料的过程中，她发现脑海中涌现出许多灵感，这些灵感反复出现又消失，消失又出现。

于是，就像反复观看幻灯片一样，看这些资料的过程中，当她突然想到某个比较好的方案时，她就迅速记录下来。原本之前是文思枯竭的状态，没想到这次居然很简单地就找到好的方案了。

然后，她迅速将想到的方案进行总结整理，提交给客户。客户看了之后也非常满意，觉得这个方案非常棒，认为是她花了很多时间和心血的成果。实际上，她自己明白，一切都是潜意识的功劳，自己并没有怎么刻意花时间。但是，她没想到，学会借助潜意识的力量后，效果出乎意料地明显。

在我们受到显意识的影响时，常常会进行自我暗示，认为自己“想不出好办法”，最后让这种担心变成了现实。

可是，**一旦我们下定决心，借助潜意识的力量，什么也不需要想，只需要专心看看资料，翻翻资料什么的，重复这种简单的操作，潜意识就能帮助到我们。以前看过的资料，积累的经验，以及未来发展的可能性等信息，潜意识都能协助处理，而且最后还会为我们提供新方案的各种灵感。**

只是看看数据、翻翻资料，这种方法是可行的。事实确实如此，我们只需要做到专心做一件简单的事就足够了。

6 抛弃顾虑，借助潜意识提高工作效率

单一重复的操作有助于潜意识的发挥

可能会有人觉得，就这样一页页地翻着资料，看看客观的数据，这种做法实在没有意义。这种想法，正是“显意识”主导下的想法。

事实上，当显意识反复判断一件事情没意义的时候，显意识反而失去控制作用。此时，潜意识就会启动，然后“各种灵感就会在大脑中涌现”。这就是我们前文中提到的意识的运行机制。

换言之，**正是因为重复着单一操作，所以才有助于激发人的潜意识**。只是在重复这种单一操作的时候，

会有两种不同效果：一类人能够轻松启动潜意识；另一类人则难以启动潜意识。

那些想着“不想再重复单一操作”的人，他们的内心是抵触的。他们的态度和表情，都表现得很不情愿，十分勉强。虽然内心不喜欢却又要强迫自己做，自己做得不开心，又担心工作做不完，结果最后工作就真的没能按时完成。

而有的人，在重复单一操作时，能够全面启动潜意识，自然“工作效率快速提高”，“新的灵感不断涌现”，一步一步，在职场中不断取得进步，迈向新的台阶。

点滴积累让潜意识助力自我提升

有一位男性前来咨询，他说自己一直从事的工作就是组装纸箱，工作非常枯燥单调。他担心，自己一直只做这件事，未来人生就这样一成不变，一辈子就这样结束了。这样的生活让他感觉十分不安。

当然，虽然他觉得自己也能胜任其他工作，但是却很消极悲观，在任何地方工作都坚持不下去，频繁跳槽，结果最后跳到了这家公司。因为受到显意识的影响，这名男子担心的问题全部成为现实，这就是真实的现实。

他决心做出改变。于是，他开始尝试求助潜意识的力量。

每当他想到，“我做这个工作实在也是没有办法”“同事们是如何看待我的这种工作方式呢”这些问题，他的显意识就会开始启动，结果就是担心逐渐成为事实。

因此，他决定认真坚持做这件重复单一的工作，其他的索性全部交给潜意识。他想看看，借助潜意识，自己的工作效率会有怎样的提高。

如此一来，他之前一直很抵触的组装纸箱的工作，出现了很多新变化。

由于他不再考虑其他，只是坚持做着这一项单一工作，在这个过程中，他很快掌握了快速组装纸箱的诀窍。很快，他组装纸箱的速度，比之前提高了10倍左右。此外，和他一起做同样工作的阿姨，看到他的进步后也开始模仿他。没多长时间，所有需要组装的纸箱都搞定了。于是，他开始考虑去挑战一下更大难度的其他工作。不久之后，这名男性就被委任处理发货的工作了。

当他到了新的工作岗位，不再去考虑出错该怎么办等问题。他专注思考的问题是：如何才能充分发挥潜意识的力量，提高送货速度。于是，他又非常镇定自如地开始了新工作。

这名男性的工作效率与前任相比，足足提高了三倍。他认真工作的态度，得到了上司的充分认可。随后，公司又开始安排他负责销售的工作。销售工作需要他拿着资料给客户进行说明讲解。

当这名男子去向客户推销产品时，也像之前一样，思考如何通过借助潜意识来拓展客户。然后，客户很快就记住了他，甚至还邀请他一起打高尔夫。即便是打高尔夫的时候，他也努力去借助潜意识的力量。他一门心思，专心思考着打球如何得分。看到这样的销售人员，客户也觉得他非常有意思。于是，他与客户逐渐建立了信赖关系，他的销售业绩很快就名列前茅。

随后，他升职为“销售经理”。就这样，这名男子在职场上实现了持续的晋升。

后来，当他再次遇到之前一起组装纸箱的阿姨同事时，他甚至有点怀念那个时候的自己。

潜意识的力量，到底可以帮助我们实现怎样的自我提升呢？无须考虑任何其他问题，只是持续一项单一的操作，专心积累，居然会获得如此明显的效果。

“自我肯定”能让人充满干劲

屏蔽导致紧张焦虑的显意识

当我们说“糟了，又出错了”“唉，又失败了”，其实我们的大脑就是在责备自己。

如果人的意识完全由显意识主导，就会觉得自己一无是处，总是倾向于盯着自己的缺点。无论是对自己还是对他人，都会有诸多指责挑剔，渐渐地工作状态越来越萎靡不振。

显意识不断暗示我们能力有限，再怎么努力也改变不了现状。因此，当我们在向同事倾诉抱怨，“我又出错了”，即使对方肯定我们的能力，安慰我们说“你已经非常努力了”，我们依然会觉得这只是口头安慰，并不代表真实的事实。

甚至有时候，明明对方包容理解安慰我们，可是我们内心却觉得：“我这么拼命努力，最后白费功夫，你们居然就这么轻描淡写几句话打发了。”我们甚至会非常不客气地质疑他们，心情也会因此变得更糟。

我们可以想一想，如果屏蔽这些令人不安的显意识，借助潜意识的力量，我们期待的理想现实就会出现，岂不是两全其美的事？

因为，显意识就是倾向于“指责挑剔”和“武断判断”。

这种情况，我们就要放弃显意识喜欢做的事，需要进行“自我肯定”和“客观判断”。只有这样做，才有助于屏蔽来自显意识的负面影响。然后，我们才能激发潜意识发挥积极作用，让其为我们展示更有趣的世界。

当显意识出来干扰，让我们感觉“自己无能”而自卑时，我们要很淡定地肯定自己，告诉自己“做得很好”“非常棒”等等。我们要不断地对自己强调这一点。

然后，你就会开始肯定自己，觉得“自己的确做得很出色”“表现非常优秀”等等。这些自我肯定的语言，屏蔽了显意识自我否定带来的负面影响，是潜意识发挥积极作用的明证。

当我们面对他人时，如果显意识过分活跃，就会担心“自己表达不清楚”或“客户可能不接受”等问题。此时，我们要告诉自己“我很能干”“我的方案很好”。这些类似自我肯定的话语，能够帮助我们驱除显意识所带来的焦虑。

这样一来，无论在家里，还是在办公室里，我们就不会失去热情，而是干劲满满，也不会向同事或家人展示自己弱的一面。因为没有展示自己的不足，结果反而能够获得周围人的敬重。于是，很自然地，我们也会尽量去肯定他人。就这样，我们的人际关系，也在不知不觉中得到了改善；而且由于工作积极努力，还因此获得晋升机会。无论是在办公室，还是在家里，我们都能过得很开心。这就是潜意识给我们带来的现实改变。

驱逐显意识的不安，获取潜意识的帮助

有一位女子，总是担心周围的人看不起自己。她总是觉得，自己一点儿也不起眼，没有人关注她，她做任何事都改变不了什么。下班回家后，她依然带着工作上的烦恼，反复回忆工作中不开心的事，每次回忆都只会让她的心情变得更糟。她不停地自我挑剔，老觉得自己没用。

她决定做出改变，想要尝试借助潜意识的力量，肯定自己、表扬自己。

一开始，当她对自己说“我很棒”“我很能干”的时候，会觉得心情十分沉重。因为她的内心始终认为“其实这不是事实，自己不能干，什么都没有改变”，这种感觉在抗拒自我肯定的努力。

这种方法，如果打个比方，就类似“显意识”带来“厄运”，“潜意识”带来“好运”；厄运不走，就会阻止幸运的到来。所以，我们要明白“驱散厄运，才能迎来好运”，不断告诉自己“我很棒”“我取得了很大进步”，尽量充分运用这些对抗显意识负面影响的话语。

于是，每天早上一起床，她就暗暗对自己说“今天心情真好”“工作肯定很顺利”等等，然后，她感觉到自己“不知怎么的，工作时就有了干劲”。

为什么会这样？因为潜意识与显意识相比，前者占据了绝对主导地位，由此避免了不安成为现实。

当然，她到了办公室之后，就鼓励自己说“大家都在关注我”“大家对我充满期待”。

于是，很自然，她感觉自己腰背挺得更加笔直。以前从来不在卫生间补妆的她，现在也开始补妆了。

在这一过程中，办公室同事都开始关注她，表扬她“变化好大”，而她也能得体应对，“哪里呀，大家才是越来越出色了”，这样去夸赞同事们。

后来，开始有同事咨询她关于工作方面的问题，拜托她帮忙，而且还积极邀请她参加相亲联谊的活动；她也认为自己的确变得更有魅力了。

强烈建议大家尝试一下这种方法，通过自我肯定，去驱逐显意识带来的负面影响。

潜意识
我很棒！我比之前
有了很大进步！
显意识
哎呀！
尽量不断地用显意识所
抗拒的语言暗示自己。

8 无法摆脱显意识影响的人不妨想象最不可能的结局

尝试“完全不可能的事”可以让显意识失效

因为担心对方会拒绝，所以就想提前预设一下自己被拒绝的场景，最后果不其然被拒绝。由于受到显意识的主导，担心的事变成真正的现实。

类似这样，当我们越是去预测可能的失败，就越会感觉不安，显意识就会过分活跃，会让我们说一些不该说的话，导致最后的失败。从旁观者的角度来看，可能会有人觉得，要是你没有说那些多余的话就好了，或者认为你表达得直接一点可能就不会遭遇拒绝等。但是，其实是因为显意识的影响，导致不安变成现实，然后才会说了不该说的话，没能表达出真实想法。

如果有人无法脱离这种不安情绪，可以尝试采用与前文中提到的与“自我肯定”完全相反的方法，借助“潜意识”的力量。当我们感到不安时，我们要告诉自己，“最坏的结局无非就是失败”。

当我们不再执着地期待“总会找到什么办法解决”，我们就能面对预想的最坏情况。实际上，当我们这样思考时，显意识就会丧失影响力。

因为，显意识会设想各种情况，并认真思考与之相应的对策，但显意识最后会无视这些对策，于是，想象中担心的问题就成了现实。然而，一旦我们提前预设了最坏的结局，显意识就不会再去考虑相应对策；而当显意识失去主导，潜意识占据主动后，事情就会向着意想不到的好的方向发展。

不如“想象一下在客户面前裸舞”

有一位男士，他的烦恼是面对法人客户就特别容易紧张。接待单独个人业务的客户时，他还是很开心的。可是，一到法人客户的地盘，他就开始各种焦虑不安，担心各种问题。比如，担心“自己表达不清楚该怎么办”“说了不该说的话被指责该怎么办”等等。事实上，他也考虑了很多对策，但是当时那个场合，整个人思维僵化迟钝，大脑完全无法运转，最后导致一直以来的努力都化为泡影。

这位男士因为这一问题十分烦恼。他也曾经参加过自我启发的相关讲座训练。其中一项训练，就是教他“想象一下成功的场景”。可是，他越是想象“成功场景”，大脑中越会出现更多“失败画面”，这项训练对他完全不起作用。

于是，训练中让他想象勉强还算成功的场景。没想到这种想象反而让他更加认定“现实和想象完全不同”。结果，最后整个事情就向着失败方向发展。

后来，这名男士豁出去了，既然关于成功的想象完全没有作用，干脆就想象下“完全不可能出现的失败场景”好了。

这名男士想象着自己突然发疯，然后在客户面前开始裸舞。这当然是非常极端的例子。我当时一听到这个场景时，第一反应就是觉得“完全不可能”。但是，我依然让他去想象一下在客户面前出现这种想象中的场景。“如果真的放飞自我这样做，说不定还能让客户高兴呢。”“如果表现得扭扭捏捏不好意思，客户可能会觉得很色情，但是，如果完全放飞自我很开心很享受地跳裸舞的话，说不定还能打动客户呢。”（当然，以上全部仅限于他大脑的想象。）

结果，当他这么一想，之前所有的担心不安似乎都成了小问题。类似“发言也许不能让客户满意”“准备的资料可能不符合客户的要求”等等，完全都不是问题了。

事实上，当他面对客户，语言表达不是很清楚时，脑海中就会浮现出自己发疯裸舞的场景。自始至终，他都保持着微笑。最后，他的工作令客户十分满意。通过想象“完全不可能”的最坏结局，是屏蔽显意识负面影响的有效方法之一。

抛弃自我否定避免重复犯错

抛弃习惯性的自我否定

我一直认为，我是不擅长在众人面前写字的。所以当我在银行的时候，对方要求我填写什么内容，我总是在银行职员面前丢丑，因为我总是填错。

即便没有人在跟前，只是很简单地在指定框内填写住址、名字等等，我也容易因为受到压力影响，害怕写错，结果越害怕出错，越是写错。我觉得这种自我否定的意识实在令人讨厌。

当我们在进行自我否定时，就是显意识活跃的时候。“因为能力不行，所以我们失败了”“因为能力不足，所以我失误了”等等，最后担心的问题成为现实。但是，我们越是想要克服这种自我否定，显意识就越是将事情的发展导向失败，我们也就越无法抛弃自我否定的负面影响。

这个时候，我们可以尝试抛弃自我否定的方法，就是对自己进行“暗示”。如果显意识失去作用，就不会导向失败，然后你会发现“自我否定”的念头不知不觉就消失不见了。

这种自我暗示的方法，就是当感觉到自己“无法做到”时，尝试将“自我否定”视为一种“自谦”。

正如之前的例子。当我在别人面前写字觉得自己写不好时，我可以认为，其实这种“自我否定”是一种“自谦”的表现。于是，这个瞬间，我就不再紧张，书写的时候就非常的顺利。其实，真正的本质就是，我通过现代催眠疗法的“重构”，改变了思维的结构。

如果一直担心“出错了该怎么办”，大脑就会一直处于紧张状态，人也就变得更加焦虑，最后必然就会导致出错。而这种方式，可以让我渐渐平静下来，然后可以正确地书写出每一个字。这种变化实在令人惊喜。

自谦视角中的上司只是普通大叔

有一名女职员，她总是很不自信，特别害怕与上司一对一交流。

当她面对上司时，就感觉十分紧张，大脑一片空白。对于上司的指令，她也完全无法领会。

因为工作老是出错，上司就很生气，责问她为什么不按照指令做事。结果，挨了上司的批评，她就更紧张，反复出错。这在上司看来，她是在故意和自己对着干。结果，她与上级的关系越来越恶化了。

她也觉得，再继续这样下去，估计都会丢了工作。她决定做出改变。她尝试进行自我暗示，觉得自己不行、做不到，其实只是一种自我谦虚。

最开始，她也不太明白“自谦的目的到底是为了什么”，但是她依然执行着。每次当她心里想到“不想和上司碰面”的时候，她就尝试改变思维，认为这种自我否定其实是一种自谦。

如此一来，不可思议的事情发生了。她发现在上司面前不再感觉紧张了。

当上司给她布置任务的时候，她同样在脑海中不断地强调：“我觉得自己能力不行，其实只是谦虚而已。”后来她在面对上司的时候，就觉得上司并不可怕，和在电车上遇到的大叔差不多，都是普通大叔而已。上司说的有些话，她也能够做到不放在心上了。

在此之前，上司做出工作安排时，她会一直对自己说“必须要认真听清楚”，结果反而因此很紧张，导致最后上司的指令也没听清楚，工作做得一塌糊涂。但是，当上司在她眼里变成了一名普通大叔时，她就很自然放松下来了，布置的任务也能够准确领会，轻轻松松完成工作，没出任何差错。

后来，这名女子很好奇地问我：“为什么这么一句话，上司在我眼里就变成了一个普通大叔了呢？”我的回答很简单。因为如果我们觉得“自己能力不足”，就会想要努力去克服，这样做会让显意识变得更加活跃。但是，如果我们将这种“自我否定”视为“自我谦虚”时，就会去关注是谁让我们谦虚的。答案就是“潜意识”。“必须要克服困难”会让显意识产生阻碍，但是因为这句话，我们将自己的行为交给了潜意识。潜意识会给我们展示一个与显意识完全不同的世界。因此，在这名女子眼中，上司就成了一个再普通不过的大叔了。

寻找提升专注力、助我们获取成功的空间和仪式

通过固定仪式启动潜意识

当我们的大脑中信息纷繁复杂时，即使想要专心完成工作，也很容易想得太多。比如，会去想别人怎么看自己等等。然后，我们还会反复在脑海中回忆别人的态度。时间就这样不知不觉地浪费了。

像这样，我们越是告诫自己“一定要专心”“一定要出成果”，反而越无法集中精力，无法做出成绩。最终，担心的事成为了事实。

因此，当我们发现自己的时间白白浪费了，眼看着快到截止日期却还没开工的，就只能归结于自己没有能力，最后选择自暴自弃。

此时，我们可以**尝试回忆一下自己专心做事的状态，工作中取得最好成果时的状态**。自己专心做事之前，成功取得成果之前是怎样一种状态？我们都可以回忆一下。

然后，将回忆起来的成功时的状态变成我们的固定程序。

有一位有名的棒球运动员，每次站在击球区，他都会有一个固定动作，就在那笔直地站着，然后将手臂伸直。每一次面对投手时，他都会这么做。

这就是他的固定程序。

当他集中注意力去做这一固定动作时，就屏蔽了显意识带来的不安，不再担心对方投手是不是讨厌他，不再害怕对方是不是准备投一个死球等，然后就能让潜意识充分活跃起来。因此，这样状态下的他，就能为我们呈现一场酣畅淋漓的精彩比赛。

每当我准备写作，想要集中注意力时，我会首先点个眼药水，然后再戴上耳机，这个固定动作就调动了我的潜意识。刚刚还感觉喧嚣吵闹的大脑，一下子就安静了下来，然后我就可以全神贯注地写作了。

此外，我在为客户提供咨询服务时，当我感觉到

“无论如何必须出成果”的压力时，我就做一个右手手腕的柔软体操，全神贯注地观察自己摆动的指尖，就这样屏蔽了显意识的影响，启动了潜意识。这一固定动作，帮助我找到大量有趣的灵感，实在是不可思议。

当我不断对自己强调“我必须要想出好点子”时，大脑就会感觉一片空白。但是，通过“摆动手指，关注指尖”这样一个固定动作，灵感居然很快自然而然地不断涌现出来。

记住取得突出成绩时的状态

有一位男客户，他说自己总是很焦虑，总是想着无论如何都要提高业绩，可是怎么都无法提高。

于是，他决定尝试一下这个方法。他决定试着回忆自己在业绩提高时的状态。

不过，这名男士想了很久，怎么都想不起来自己取得成功时的样子。于是，我就让他再回想一下没成功的时候是什么状态。结果，根据他的回忆，没有取得成功的时候，他总是弯着腰、驼着背、埋着头，与人交流时说话声音也很小，总是表现得唯唯诺诺，毫无自信。这名男士自己也说，就自己当时的那种状态，肯定是无法获得成功的。

于是，我让他继续努力回想他取得成绩时的样子。这一次，他终于回想起来，回忆中好像自己的背挺得笔直，充满自信。然后，我让他继续回忆，到底是什么事情让他充满了自信。他继续回忆，观察回忆中自己当时的样子，当时的他，闭着眼睛，脖子后仰，头靠在椅背上，做了三次深呼吸。

然后，他当场就试着做了这几个固定动作，结果效果显著。他意识到之前在工作中总是畏畏缩缩完全没有意义，于是，他决定在工作中尝试这个方法。

每次，当他需要向客户推销产品时，他就保持腰背笔直，然后脖子后仰，像是仰望天空，然后接着就是深呼吸。这样一整套固定动作做下来，他突然感觉自己整个心情完全不同了。

后来，他在与客人接触时，不再感到焦虑，而是能够非常自信地向客人推荐产品。渐渐地，他不再质疑自己的能力，并且成功推荐了令客户满意的产品，他的销售业绩自然也获得了提高。

11 灵活运用锚定效应，推进商务会谈进展

关键时刻运用潜意识的力量

当我们借助潜意识推动工作时，就会发现“事情进展可能非常顺利”。然而，如果我们稍有犹豫，显意识就会立刻蹦出来告诉我们“估计有点困难”。

例如，在与客户进行商务谈判时，在我们心中认为“正是关键时刻，差不多该签约了”的时候，客户的反应却并不符合我们的预期。这时候，我们就会变得非常焦虑，最后就只能听到客户的拒绝，例如“让我再考虑考虑”，或者是“回去讨论后再决定”等这些让人最不想听到的托词。

“一定要保证稳妥签约”这一观念的背后，其实就隐藏着一种担心，“不能签约可能会导致客户流失”。于是，在显意识的影响下，担心的问题成为事实。

在这种“关键时刻”，如果想通过潜意识的助力推动工作进展，我们该如何采取行动呢？

此时，我们可以使用“**锚定效应**”的方法。“锚”是停船时使用的设备。将船只停在某个地点时，就会把锚放下来，防止船随着水流漂走。锚定效应的方法非常简单，我们想想自己在表现出色时的状态。

比如，在打排球比赛时，你带领全体团队成员，齐心协力，终于获得了胜利。回忆一下，当时的自己，是怎么样一种状态。

此时，你会发现当时的自己，“眼睛里闪着光芒”“非常认真，激动得脸都红了”“全身大汗淋漓”等等，全然进入了一种“忘我”的境界。

我们继续仔细观察，就会发现，处于这种状态下的自己，非常激动兴奋，丝毫没有任何紧张的感觉。你感觉到自己充满了热情，就像要燃烧起来一样。当我们产生这种感觉时，左手就轻轻地去握一下。

此时，我们告诉自己“随时都能回到这种状态”。记住这种身体发热的感觉，然后，我们再张开左手。

当我们谈判时，就可以把这种方法用于谈判的关键时刻。

首先，慢慢地紧握住左手。

如果是在平时，到了关键时候，我们可能会因为担心一些问题而无法向客户推销产品。但是这次，你可以冷静地观察客户需求，准确提出妥善的解决方案；客户方则会很爽快地做出决定，成功签约。这真的是非常有意思的变化。

其实，仔细想想，我们会发现，商务谈判就和排球比赛一样。**要有一股不服输的劲，坚持不懈不放弃。我们会意识到，一边鼓励大家，一边专注打球的那种感觉，正是潜意识成为我们的助力时的感觉。**

锚定效应有助于找到导致失败的其他因素

有一位男士，他一直很苦恼，每次他自己制作的计划书都无法顺利通过，总是得不到公司的认可。虽然他写了很多份计划书，但是可惜每次都评价不高，都被打回来，理由基本上就是“感觉还差点什么内容”，要不就是“方案不受欢迎”。于是，他每次只能协助同事制作计划书，始终无法找到独当一面展现才能的机会。

为了改变这种状况，他决定采用“锚定效应”这种方法。我让他回想自己成功时的体验。他想起了什么呢？他想起了小时候他和哥哥一起放学回家，手上都拿着成绩表。哥哥的成绩很差，自己的成绩很好，母亲总是温柔地看着他，然后用温暖的手抚摸他的头。他的回忆中浮现出这样的一番场景。当时的他，一脸的自信和骄傲。

于是，他回想着小时候自己的样子。当他感觉担心和不安时，他就轻轻握住左手，脑海中告诉自己“随时都能回到这里”，然后再缓慢张开左手，睁开眼睛。此时，回想起自己母亲的慈爱和温暖，他甚至想流泪。

他将这种方法应用在职场中。每次在思考计划书方案时，他就会紧紧握住左手。然后，动笔写计划书的时候，就会感觉思路清晰，计划书完成得非常顺利。后来，他想，或许不是计划书本身的问题，而是自己在介绍这份计划书时存在问题。他终于找到了问题的症结所在。

于是，当他再次向上司介绍计划书的内容时，就会慢慢地紧紧握住左手。这个固定动作对他很有帮助。

当他向上司汇报计划书的内容时，就做这个固定动作，表达清晰而有条理。

以前的他，谈到计划书内容时，总是有点缩手缩脚，担心上司指责挑剔，因此总是表现得很不自信。但是，当他紧紧握住左手开始陈述后，就感觉自己信心十足，思路清晰，语言表达流畅。计划书讲解完毕后，他得到了上司的充分肯定，计划书得到了高度表扬。

锚定效应唤醒了人们内心的安全感。这种安全感帮助这名男士找到了真正的问题，并让他拥有了自信。

通过激发个体潜意识提升团队斗志

通过“未来有可能”的想象启动潜意识

我们自己能够充分发挥潜意识的积极作用，是一件开心的事。如果整个团队成员都能充分运用潜意识，那当然是最理想的状态。

在团队必须完成某个项目时，我们可以试试这种方法。例如，早上开会，我们发言时，一般会反复叮嘱：一定要按时完成项目，千万不要给客户添麻烦。但这样一来，大家的显意识就开始启动，结果担心的问题一步步变成事实，以致项目中途遇到意想不到的困难，眼看截止日期都快到了，工作依然没能完工。

为了避免这种情况，在团队开会时，我们可以预先设定他们的意识状态，激发他们的潜意识。

显意识，主要强调的是“常识”或“现实”；潜意识，则强调“非日常”“非现实”等等。

具体而言，就是引导团队的潜意识发挥积极作用，让他们想象“未来”。让他们想象“未来”这个方法，非常有效。正如之前会议发言所说的，若项目没有按时完工客户肯定会很生气，但我们不去想他们不高兴的样子，而是去想象一下，项目顺利完工而且完成得很好，客户满意高兴的样子。这时，全体成员通过想象客户满意的神情，能够让现实中的不安渐渐消失，从而激发潜意识发挥积极作用。

接下来，我们进一步想象：其他同事，虽然他们不在我们这个团队，但是也都来参加了团队项目完工的庆功会；听说我们团队的成功，大家都一脸羡慕。于是，团队成员们就会想要提高效率，以期待未来项目完工全体同事共同举杯庆祝的场景。如此一来，团队的潜意识都开始活跃起来，最后项目成功如期完工。

潜意识有助提升团队整体工作效率

有一名管理人员，他的下属总是喜欢偷懒。听说这个方法之后，他很高兴地决定，自己也要试试看。

每次他安排工作时，下属总是各种理由推三阻四，结果最后工作都堆到了他自己手头上。他作为一个管理人员，却感觉自己好像在给部下打杂一样，工作迟迟没有进展，整个团队评价也很低，自身能力也完全无法提高。

于是，这名管理人员就决定尝试想象一下“没有发生的事”。

然后，他在给手下安排工作时，还特别加上一句：“部长发现你工作取得很大进步，好像很开心的样子哦。”这种情况要在平时，对方可能一般就以“这项工作，我不懂”为由拒绝。但是，这次却并没有这样。自己正觉得奇怪时，不知什么时候，部下已经完成了工作。

然后，下次布置任务，他又加上一句：“部长可是很看好你哦。”听到这句话，部下就非常开心地开始着手完成下一项目工作了。

接下来，他进一步对其他成员说：“你负责的工作项目刚一完工，就有终端客户好奇：‘不知道是谁，居然能做出这么好的方案呢。’”这么一来，平时做事总是半途而废的部下，工作时更加努力提前做好调查。整个工作时的状态，完全和以前不一样了。

在这个过程中，他发现，渐渐地，他不再需要去给部下的工作补漏洞。然后，每次看到工作一个个有序完成，他意外发现，其实自己的手下还是非常优秀的。

以前，他总认为“自己的团队能力很差”。但是，在他引导调动出团队成员的潜意识后，整个团队的成绩提升了，自己的可支配时间也大大增加。后来，他非常开心地告诉我，调动全体成员的潜意识发挥积极作用，效果真的太好了，他们决定就这样一直保持下去。

结　语

非常感谢您耐心地读完本书。

潜意识的世界，究竟是什么样子的呢？

那些借助潜意识力量实现成功改变的人们，有着共同的特征。

这种特征就是：他们自身并没觉察到自己的改变。

为什么呢？因为潜意识主导下行动的人们，展现的才是真实的自我。所谓的改变，其实本质只是“自我回归”而已。

因此，他们并没有感觉自己有什么变化。但是，他们会发现“周围的人发生了变化”。

以前工作中很不配合的部下，现在工作特别配合，态度十分积极，而且团队协作意识越来越强，工作效率提高越来越明显。

当然，变化不仅仅体现在职场。当我们借助潜意识的力量获得自由，我们还会发现，之前共事困难的同事，现在居然变得平易近人。

之前，我们竭尽全力想要去改变对方，均以失败告终。如今，我们却不费吹灰之力地实现了和对方融洽相处。

有时候，我们想要得到“孩子的尊重”，但是孩子却表现得很恶劣，还总是做一些事情惹我们生气。但是，当我们借助潜意识的力量之后，孩子们变了，会主动向我们打招呼了，有什么心事时会主动找我们商量了。渐渐地，一家人聚在一起，气氛温馨、其乐融融。

个体的潜意识也会对周围其他人产生影响。然后，我们会发现，当我们自己做出改变，周围人的态度也会随之发生变化。

这一点，正是我们在生活中需要借助潜意识的意义。

而且，当一个变化接着一个变化持续不断出现时，我们会感觉到，我们在所生存的世界里越来越轻松自如。

我们之所以要借助潜意识的力量，是因为显意识会加剧焦虑不安，令担心的问题变成真正的现实。

而当我们借助潜意识的方法，我们会发现自己不再被焦虑不安所控制，事情的进展则是出乎意料，十分顺利，实在是令人开心。于是，渐渐地，大家都学会借助潜意识力量的方法了。

有时，我甚至会想："这可是我费了好大的劲才找到的方法，他们居然理所当然直接拿去就用，借助潜意识的方法获得了自由，可真的会偷懒哦。"当然，我一边这样想，一边为他们感到由衷的高兴。

我周围的人，因为受到我快乐情绪的感染，也变得开心起来。

一位女士前来咨询，她的烦恼是"感觉在职场无法施展自己的才能"。

那么，是不是只要能够在职场上发挥才能，就能解决她的烦恼呢？事实并非如此。当我深入了解后，发现一系列问题。她说周围同事没有工作能力却总是耀武扬威让她很生气，上司工作无能还老喜欢瞎指挥让她无法专注工作。

除此之外，她还抱怨了一些其他事情。隔壁家邻居总是特别吵闹，附近的邻居态度恶劣、素质差，老公小肚鸡肠一点也不体贴人、特别差劲，等等。

这位女士将这些问题一个一个写在卡片上，卡片很快就有了厚厚的一沓。然后，我请她打开这沓卡片，一张一张翻开，将卡片上的内容，如“上司无能不赏识自己，偏心能力差的员工让人生气”等等，大声地朗读出来。

因为问题卡片数量太多，等到她将问题卡片朗读完毕，咨询服务的时间就已经结束了。提供咨询服务，如果只有聆听这一环节，肯定是不行的。于是，我就将本书中总结的借助潜意识的方法挑选一个分享给她，请她回去之后尝试一下。她很爽快地同意了。

第二周她又来了，这一次她朗读的问题卡片减少了。但是，她本人却说：“我没感觉到自己有什么变化呀。”于是，我继续给她分享借助潜意识的方法，请她继续尝试。然后，当她再次来到我这里的时候，她很开心，因为这一次，问题卡片的厚度只有原来的一半了。

问题卡片中，类似“上司无能”“同事差劲”等内容没有再出现。据说现在工作中上司和同事们会主动帮助她，她感觉比以前轻松多了。

最开始，她的问题卡片很厚，感觉都快接近一沓一百万日元纸币的厚度了。但是，当她尝试借助潜意识的方法之后，问题卡片不断减少，最后只剩几张了。

对潜意识的尝试，让问题卡片的厚度越来越薄，让她的表情越来越生动。以前她总是浮肿的脸，如今看起来神采飞扬，感觉比以前还年轻。

她神采焕发，开心地笑着告诉我：“我觉得什么都没有变呢。”这一幕给我留下了深刻的印象。

她的丈夫和同事都夸她“变年轻、变漂亮了”，她依然开心地笑着回应说感觉自己没什么变化。这让我联想到我小时候的事。

傍晚时分，我和朋友们在公园里一起玩捉迷藏。我当捉人的角色时，就跑着找藏起来的朋友；捉到藏着的朋友后，他又来找我。你捉我藏之间，笑声不断，然后游戏继续。反复的你追我赶的过程中，小伙伴们笑声不断，开心极了。当时我想，这样的时光如果一直持续下去该多好啊。

或许和当时天真无邪快乐玩耍的时候一样，当大家想要自由开心地和潜意识共度时，作为制造问题的显意识主动扮演了捉迷藏时捉人的角色吧。

当我们学会借助潜意识的力量之后，显意识和潜意识会愉快地相互追逐，四处奔跑。当显意识与潜意识一起参与游戏时，问题就会一个接一个不断得到解决。

在这个游戏中，显意识安排潜意识承担“捉”的任务，发现问题，然后开开心心地被潜意识不断追赶着，四处奔跑躲藏。

当显意识被潜意识找到后，问题就解决了。紧接着，这一次又轮到显意识来担任捉的角色以发现其他问题，它四处奔跑，追赶着要藏起来的潜意识……

当我看到这名女士神采焕发的笑脸，不知怎么的，我脑海中浮现出了上面这样一幅场景。

当这位女士的潜意识和显意识能够自由开心地四处奔跑玩耍时，她就能回归到真实的自我。

就像孩童时期一样，大家无忧无虑玩耍着，我们就能忘记时间流逝，和显意识开心地持续玩游戏。

当她让身边的人感受到了自由，当我们让身边人感受到了自由……

当我们自己做出改变，周围的人也会随之发生改变。潜意识的世界，就是这么不可思议。

朋友们读完这本书，如果能有所收获，将是我最大的荣幸。

悦读名品